KB125990

III

위험한 과학자, 행복한 과학자

위험한 과학자
행복한 과학자

초판 1쇄 발행 2018년 4월 1일
   2쇄 발행 2023년 11월 11일

지 은 이	정용환
발 행 인	권선복
편 집	권보송
디 자 인	이동준
전 자 책	서보미
마 케 팅	권보송
발 행 처	도서출판 행복에너지
출판등록	제315-2011-000035호
주 소	(157-010) 서울특별시 강서구 화곡로 232
전 화	0505-613-6133
팩 스	0303-0799-1560
홈페이지	www.happybook.or.kr
이 메 일	ksbdata@daum.net

값 18,000원

ISBN 979-11-5602-5955 (03550)

Copyright ⓒ 정용환, 2018

도서출판 행복에너지는 독자 여러분의 아이디어와 원고 투고를 기다립니다. 책으로 만들기를 원하는 콘텐츠가 있으신 분은 이메일이나 홈페이지를 통해 간단한 기획서와 기획의도, 연락처 등을 보내주십시오. 행복에너지의 문은 언제나 활짝 열려 있습니다.

위험한 과학자, 행복한 과학자

미국, 프랑스와 같은 선진국들이 주도하던
원자력 시장에서 우리나라도 이제 당당히
그들과 어깨를 겨루게 되었다.

정 용 환 지음

도서
출판 행복에너지

산 넘어 산이었던 '하나' 신소재 개발의 길

처음에는 모두가 말렸다. 외국에서 10년, 20년 걸려도 못 하는 것을 당신이 무슨 수로 하겠냐는 것이다. 처음 지르코늄 신소재 개발 프로젝트를 제의했을 때의 주변 반응이 이랬다. 당시 우리나라는 원자력발전소 핵심부품인 지르코늄 피복관을 완성된 제품으로 전량 수입해서 써야만 했다. 그만큼 우수한 성능의 지르코늄 신소재를 만드는 기술은 선진국에서나 가능할 정도로 어렵고도 험난한 기술이었다.

그로부터 20년이 지난 오늘날 이제 우리나라는 '하나(HANA)'라는 세계 최고의 성능을 자랑하는 신소재를 개발해 외국으로 수출 가능한 나라가 되었다. 향후 국내 모든 원전에 적용하고 해외 수출까지 하면 경제적 효과는 연간 약 500억 원에 이를 전망이다. 지르코늄 합금인 '하나' 신소재 개발로 우리나라는 이제 핵연료기술의 자립을 이루게 되었다. 20년 전에는 아무도 상상하지 못했던 일이었다.

연구를 시작했을 무렵 국내에서는 지르코늄에 대해 아는 사람도 자료도 없었다. 지르코늄 미세조직을 관찰하는 데만 6개월이 걸렸다. 지르코늄에 대해 조금이라도 아는 사람이 옆에 있었다면 하루 정도면 해결될 일이었다. 연구 장비도 연구비도 없이 외국 논문만 읽으며 시험을 답습하는 것이 할 수 있는 연구 활동의 전부였다.

밤낮없이 지르코늄을 알기 위해 연구에 매달렸다. IAEA 장학생으로 독일에 파견되었을 때는 신기술을 가르쳐주지 않으려는 그들의 틈바구니에서 하나라도 더 배우기 위해 모든 열정을 쏟았다. 지르코늄의 60년 역사를 파헤치고, 지르코늄 개발 과정이나 실패 경험, 현재 사용되는 제품의 장단점 등 지르코늄에 관해서라면 뿌리부터 최신 기술까지 이론적인 모든 것을 섭렵했다. 국내로 돌아와서는 향후 원자력 기술 자립을 위해서는 반드시 해야 할 일이라고 확신하고 신소재 개발 과제 제안서를 작성해 놓고 무작정 기다렸다. 모두들 비웃었다. 선진국에서도 못 하는 기술을 네가 무슨 수로 하겠느냐는 것이다.

여러 번의 고배 끝에 기회는 왔고 적은 예산으로 과제를 진행하게 되었지만, 연구 장비가 없어 남의 연구 장비에 기웃거려야 했다. 연구 인력도 모자라 학생 연구원들을 동원했다. 연구 장비를 빌려 쓰기 위해 밤낮이 뒤바뀐 생활을 했던 기술원도 있었다. 그렇게 어려운 여건이었지만 신소재 개발을 향한 동료들의 도전 정신과 집념은 식을 줄 몰랐다. 신소재 개발을 위해서는 합금설계를 하고 시험편을 제조하는 과정을 거쳐야 하는데 3년 동안 실패한 시험편 개수만 무려 2만 개였다.

열한 번의 실패를 경험하고 열두 번째 실험에 성공했다. 하지만 산 하나를 넘으면 더 높은 산이 우리를 기다리고 있었다. 하나 신소재 제품을 만들어 줄 곳

머 리 말

이 없는 것이다. 간신히 외국에서 제조 회사를 찾아 제품을 만들어 실험을 끝내고 나면 상용원전 검증시험이라는 더 큰 난관이 버티고 있었다. 유럽 여러 나라를 전전하여 북유럽의 끝, 머나먼 노르웨이 할덴 원자로를 만나 우여곡절 끝에 간신히 성공적인 시험을 수행할 수 있었다. 할덴 원자로 시험 후에는 상용원전에 하나 신소재 피복관을 장전해 시험해야 하는 마지막 단계가 남아 있었다. 많은 위험 부담을 안고 검증시험을 추진하려는 국내 발전소가 없어 마음고생을 많이 해야 했다. 다행히 주위 분들의 도움으로 모든 검증시험을 마무리하여 신소재 '하나'의 우수성을 확인할 수 있었다.

2010년, 모든 검증 시험을 마무리할 즈음 이번에는 세계 최대 원자력 회사인 프랑스 아레바의 도전장을 받아야 했다. 하나 신소재 개발 과정에서 우리는 수많은 특허를 확보했는데, 유럽에 등록한 하나 특허에 대해 아레바가 무효소송을 제기해 온 것이다. 다윗과 골리앗의 싸움 같은 전쟁을 치러야 했다. 5년의 1차 소송과 2년의 항소심 끝에 승소하기까지 해외 특허 소송 경험이 전혀 없었던 나로서는 부담감이 이루 말할 수 없었다.

하지만
"이의 신청인이 주장하는 본 특허와 관련한 무효신청은 법률적으로나 기술적으로나 근거가 없으므로 이 특허는 청구항 수정 없이 원안대로 유효하다."
라는 최종 승소판결을 받음으로써 '하나'의 우수성을 전 세계에 알리며 미국,

프랑스와 같은 선진국들이 주도하던 원자력 시장에서 우리나라도 이제 당당히 그들과 어깨를 겨루게 되었다. 해외 원전 수출에도 청신호가 켜졌다.

강의를 다니다 보면 많은 분들이 일회성 강의만 하지 말고 나의 이야기를 책으로 출판하면 어떻겠느냐는 조언을 한다. 한두 번은 흘려들었지만 반복해서 듣다 보니 나의 이야기가 많은 사람들에게 도움이 될 수도 있겠다는 생각이 들었다. 그분들의 말에 용기를 얻어 책을 집필해보기로 마음먹었다.

이 책에는 '하나' 신소재가 탄생하기까지의 모든 과정을 담았다. 나의 33년 외길 연구 인생을 정리했다고 봐도 좋다. 변변한 연구 장비 하나 없이 시작한 연구 초기부터 세계 최대 원자력회사 아레바와의 싸움에서 이기기까지, 어떻게 그 모든 난관을 극복해 왔는지를 자세히 기록했다. 나 개인의 기록으로 끝나지 않기를 바라며 우리나라 과학기술 발전에 조금이나마 보탬이 되었으면 하는 마음으로 책을 썼다.

나는 정부출연 연구기관의 연구원으로서 33년간 내가 좋아하는 연구를 마음껏 해올 수 있었던 것에 대해서 항상 감사한다. 한 우물 연구를 통해서 대한민국 최고과학자의 자리까지 올랐으니 나는 행복한 과학자라고 자부한다. 이제는 내가 받은 혜택을 주변에 돌려주는 활동이 더 중요하다고 생각하고 있다. 평생 연구를 하면서 수많은 논문을 써 왔기에 책을 쓰는 것도 쉬울 것이라 생각하고

머리말

시작했는데 이는 나의 착각이었다. 많은 분들의 도움이 있었기에 한 권의 책이 탄생할 수 있었다. 지난 33년간 함께 동고동락했던 동료들이 이 책을 쓰는 데 큰 힘이 되어 주었다. 그들의 노력이 있었기에 이 모든 결과가 가능했다. 동료들에게 진심으로 감사를 드린다.

새벽에 나가 한밤중에 들어오는 생활 때문에 주변으로부터 "둘째 부인 아니야?" 하는 소리를 들으면서도 굴하지 않고 평생 나의 지지자로서 책을 쓰도록 용기를 북돋아 준, 아내 최미숙에게 고마움을 표한다. 부족한 글을 검토하고 조언해 준 한정호 박사, 황성식 박사, 심희상 박사에게 감사드리며 책의 기획부터 출판에 이르기까지 열정을 보여주시고 긍정의 에너지를 심어주신 도서출판 행복에너지의 권선복 대표께 감사드린다.

마지막으로 조금 있으면 세상 밖으로 나와서 할아버지와 만나게 될 손녀에게 이 책이 탄생의 선물이 되길 바란다.

2018년 2월

대덕연구단지 봉산골에서 정용환

목 차

02장 지르코늄! 너 잘 만났다

03장 독일에서 키운 신소재 개발의 꿈

04장   기회는 준비된 자에게 온다

먼저 기술의 뿌리를 철저히 파헤쳐라

항상 준비하고 때를 기다려라

부족한 2%의 승부로 세계 1등 기술에 도전하라

특허권 확보가 먼저다

목 차

06장 　열한 번의 실패 후 열두 번째에 성공하기

이론대로 된다면야

실패한 시험편 개수만 무려 2만 개

실패한 자료를 다시 분석하라

열두 번째에 성공하기

목 차

국내에서는 안 됩니다. 외국에서 검증시험부터 하고 오시오

상용원전 검증시험을 위해 유럽을 헤매다

노르웨이 할덴 원자로와 6년 시험 계약

계약을 파기하겠습니다

6년간의 할덴 검증시험 성공

목 차

10장 원자력 역사상 최고 기술료 100억

지난했던 기술이전 협상 과정

기술이전료는 100억, 연간 경제효과는 500억

연구개발보다 어려웠던 기술료 배분

돈 앞에서는 어쩔 수 없다

목 차

11장   과학자로서 여한이 없다

12장 원자력 과학자가 설 자리는 어디인가

애국 과학자에서 위험한 과학자로

지역사회와 함께하는 원자력문화 만들기

'따뜻한 과학마을 벽돌한장'과 함께

과학문화 전도사로 변신하기

과학강국으로 가는 길

**Energy
is power**

미국, 프랑스와 같은
선진국들이 주도하던
원자력 시장에서
우리나라도 이제 당당히
그들과 어깨를 겨루게 되었다.

우리 연구팀은 1997년부터 원자력 중장기 사업의 일환으로

핵연료 피복관용 신소재 개발 연구를 시작했다.

연구는 성공적으로 진행되어 지금까지 원자력 선진국에서

개발한 어느 신소재보다도 뛰어난 성능을 갖는

우리 고유의 지르코늄 신소재를 개발해 냈다.

01 Chapter

7년간의 특허 전쟁

7년간의
특허 전쟁

▶▶▶ 이렇게 부담스럽고 머릿속이 복잡한 해외출장은
　　처음이다

2010년 11월 1일.

연구원 생활 26년 동안 수많은 해외출장을 다녔지만 이번 출장같이 머릿속이 복잡하고 부담스러운 출장은 처음이다.

나는 지금 유럽특허청이 주관하는 특허소송에 참여하기 위해 뮌헨행 비행기에 올랐다. 뮌헨행에는 우리 팀 연구원 한 명과 세 명의 국내 변리사도 동행했다. 우리는 비행기 안에서 내내 특허소송과 관련된 자료를 읽고 또 읽었다. 승소냐 패소냐에 따라 나는 천당과 지옥을 오가야 한다. 여러 장면들이 머리를 스치면서 마음을 더욱 무겁게 만든다. 과연 나는 어떤 모습으로 귀국하는 비행기에 오르게 될까?

▶▶▶ 신소재 특허를 받다

이야기의 시작은 20년 전으로 돌아간다.

우리 연구팀은 1997년부터 원자력 중장기 사업의 일환으로 핵연료 피복관용 신소재 개발 연구를 시작했다. 연구는 성공적으로 진행되어 지금까지 원자력 선진국에서 개발한 어느 신소재보다도 뛰어난 성능을 갖는 우리 고유의 지르코늄 신소재를 개발해냈다. 이것이 우리 원자력 소재분야 최초의 독자기술로 개발한 '하나(HANA, High performance Alloy for Nuclear Application)' 신소재이다.

하나 신소재 핵연료피복관

하나 신소재로 만들어진 하나 피복관은 3년의 실험실 평가와 6년의 노르웨이 할덴(Halden) 원자로 검증시험을 우수한 성적으로 마쳤다. 그 후 2007년 11월에 국내 원자력발전소에 장전되어 최종 검증시험을 수행했다. 4년 반 동안 원자력발전소에서 검증시험을 한 결과, 하나 피복관은 외국 제품보다 2배 이상 우수한 성능을 보임으로써 연구에 모든 것을 바친 우리의 기대를 저버리지 않았다.

하나 신소재 연구개발 과정에서 우리는 수많은 특허를 확보할 수 있었다. 새로운 소재 조성과 관련된 특허, 제조공정과 관련된 특허 등 한국, 미국, 일본, 중국, 유럽 등에서 약 50여 건을 확보했다. 특허 등록의 마지막 단계로 '하나기술 관련 종합본 특허'를 한국,미국,일본,중국에 출원하여 차례로 특허권을 확보했다. 이 특허는 하나 기술의 조성과 제조공정을 결합하고, 상용화 대상 하나 합금이 모두 들어 있는 매우 중요한 특허이다.

마지막으로 유럽특허청에 출원한 하나 특허가 2004년 11월에 최종 등록되었다는 통보를 받았다.

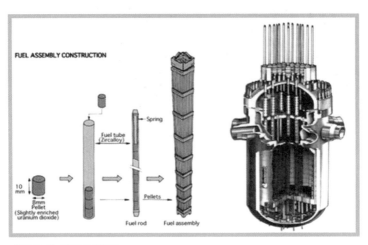

원자로 및 핵연료피복관

▶ ▶ ▶ 전쟁은 시작되었다

이러한 기쁨도 잠시, 우리는 2005년 8월, 세계 최대 원자력 회사인 아레바(AREVA)사로부터 기술전쟁의 선전포고를 받았다.

아레바는 우리가 유럽에 등록한 하나 특허에 대해 무효소송을 제기해 왔다. 이런 소송에 대한 경험이 전혀 없었던 나로서는 어떻게 대처해야 할지 혼란스러웠다.

'왜 아레바가 무효소송을 제기했을까, 앞으로 어떻게 소송전이 전개될까, 원장께 어떻게 보고해야 하나, 연구원 내 다른 사람들과 하나와 관련된 다른 기관의 관련자들은 이것을 어떻게 생각할까.' 등으로 머리가 복잡해지기 시작했다.

우선 나는 그동안의 경과를 정리하여 원장께 보고를 드렸다. 원장은 우리 기술이 세계적으로 가치가 있기 때문에 아레바 같은 큰 기업에서 우리 특허를 무효화하려는 것이라며 이 건의 출원을 맡았던 국내 특허 대리인, 해외 현지 대리인과 잘 상의하라고 말씀하셨다.

원장의 승인을 얻은 후 나는 차근차근 거대 회사와의 싸움을 준비해 나갔다. 우선 특허를 담당하고 있던 연구원에게 아레바가 유럽 특허청을 통해 제기해 온 50페이지가 넘는 이의 신청서를 철저히 분석하도록 했다. 이의 신청서를 통해서 우리는 다음과 같은 것들을 확인할 수 있었다.

아레바는 먼저 2개의 일본기업이 낸 특허를 우리 특허와 철저히 비교·분석하여 우리 특허가 일본 특허에 비해 신규성이 없다고 주장했다. 즉 우리 기술이 새로운 발명이 아니므로 특허를 무효화시켜야 한다는 것이다. 또한 미국,유럽,일본 기업이 등록한 7개의 기존 특허를 우리 특허와 비교 분석하여 진보성이 없다고 주장했다. 우리 기술은 기존에 모두 나와 있는 기술이고 선행기술보다 더 좋은 효과를 보이지 않으므로 신규성도 없고 진보성도 없으니 반드시 취소되어야 한다는 주장이었다. 그들의 주장에 의하면 우리 특허는 새로운 기술 가치가 전혀 없는 매우 형편없는 기술이라는 것이다. 너무나 황당한 주장이라 어떻게 대응을 해야 할지 방법이 떠오르지 않았다.

우리는 국내 특허 대리인과 1차 회의를 실시했다. 국내 특허 대리인은 법적인 대응방안을, 우리 연구팀은 기술적인 대응방안을 준비한 후 아레바의 주장을 무력화할 수 있는 참조자료를 찾아서 증거자료로 제출하기로 협의했다. 담당 연구원들은 철저한 준비태세로 증거자료를 찾았다. 아레바의 1차 이의 신청서가 정당하지 않다는 주장을 펴는 60페이지의 답변서와 12건의 증빙자료를 만들어 유럽 현지 대리인인 EP&C라는 법무법인을 통해 유럽특허청에 1차 답변서를 제출했다. 답변서에서 철저한 대응 논리를 갖고 반박했기 때문에 이 정도면 아레바도 수긍하고 더 이상 이의 신청을 하지 않을 것이라고 생각했다.

답변 보고서를 준비하는 과정에서 지인들을 통해 유럽특허 소송 경험이 있는 변리사나 기관을 수소문해 보았으나 아무런 정보도 얻을 수 없었다. 원자력연구원은 당시 역사가 50년이나 되고 등록된 특허가 1,300건이나 되었지만 그때까지 한 번도 특허소송에 참여해 본 경험이 없었다. 우리 특허를 담당했던 특허사무소 역시 국내에서 알아주는 특허사무소인데도 불구하고 유럽에서 소송 경험이 없었던 것이다. 하물며 내가 알아본 국내 유명 법무법인에서조차 외국에 진출하여 소송에 참여한 경험이 없다는 것이다. 물론 일부 국내 대기업에서는 이런 경험이 많았을 것으로 예상되나, 내가 확인할 수 있는 범위 내에서는 참고가 될 만한 선행 사례를 찾을 수 없었다.

1차 답변 보고서를 유럽특허청에 보내놓고 나는 이 사건을 잊어버렸다. 일상 업무로 돌아와 열심히 하나 소재 기술을 완성시키기 위해서 노르웨이와 국내 산업체를 쫓아 다녔다.
그러던 어느 날(2006년 6월 27일), 유럽특허청으로부터 아레바사가 제출한 2차 이의 신청서를 다시 받게 되었다. 2차 이의 신청서에는 우리가 제출한 1차 답변에 조목조목 반박하는 40페이지 정도의 보고서 형태의 자료와 자기들의 주장을 입증하는 10건이 넘는 추가 증빙자료가 들어 있었다.

우리는 국내 특허 대리인과 다시 대책회의를 실시하여 대응 논리와 방안을 도출한 후 답변 보고서 작성에 들어갔다. 1차 답변 보고서를 작성할 때도 그랬듯이 우리는 20건 정도의 이의 신청 항목에 대해서 각자 역할을 나누었다. 쟁점별로 유리한 증거 자료를 찾아내어 아레바의 주장을 무력화하는 논리를 개발했다. 이렇게 작성한 답변서 초안과 특허 사무소에서 작성된 자료를 병합하여 최종 한글본 보고서를 완성했다. 이를 영문으로 작성해 수정과 교정을 거친 후 최종 답변 보고서를 만들었다.

하나 신소재 관련 미국, 유럽, 일본, 한국 특허

2차 답변 보고서는 2007년 4월 14일 유럽특허청에 제출되었다. 이제는 유럽특허청이 우리의 대응 논리에 수긍하여 더 이상 아레바의 이의 신청을 받아주지 않기를 희망했다.

그러나 나의 희망은 바람으로 끝나고 말았다. 연구 업무에 열중하고 있던 어느 날, 또다시 아레바로부터 3차 이의 신청서를 받았다. 3차 이의 신청서는 1.2차 이의 신청서를 반복하는 내용의 50페이지 정도의 보고서 형태였다. 그들은 우리가 제출한 2차 답변서가 자기네들이 찾은 증거를 바탕으로 할 때 정당성이 없다는 주장을 펴고 있었다.

우리는 전략을 바꾸었다. 일일이 건별로 대응하기보다 우리 특허의 정당성을 주장하는 논리를 기본으로 하였다. 각각의 사안에 대해서는 간단히 우리의 주장을 표현하는 방식으로 개략적인 답변 보고서를 만들어 제출했다. 작전을 바꾸게 된 배경에는 이런 식으로 계속 아레바 측의 전술에 끌려다니다가는 승산이 없겠다는 생각이 있었고, 지겹도록 끈질기게 물고 늘어지는 아레바의 방식에 많이 지쳐 있었기 때문이었다.

▶▶▶ 마침내 유럽특허청으로부터 출석요구서를 받다

집요하고 끈질긴 수년간의 공방이 끝난 후 2년 동안 평온했다. 아레바나 유럽특허청으로부터 더 이상 아무런 소식이 없었다. 아레바가 이제는 포기를 한 것으로 생각하고 이 상태로 조용히 끝나기를 바라면서 본연의 연구 업무에 열중했다.

그러나 끝이 아니었다. 2010년 8월 어느 날, 아레바가 최종 구두심판을 신청했으니 2010년 11월 3일 유럽특허청으로 출두하여 구두심리를 받으라는 출석요구서를 받았다.

우려했던 일은 일어나고 말았다. 어떻게 대처해야 할 것인지 구체적으로 생각해야 했다. 우선 앞으로 두 달 동안 무엇을 어떻게 준비할지에 대해서 생각했다. 이번 소송은 비용도 많이 들 뿐만 아니라 소송의 결과가 우리 연구원의 기술력과 대외신인도에 매우 중요한 영향을 미친다. 나는 그동안의 진행상황과 소송의 의미, 패소 시 영향 등을 정리하여 원장께 보고를 드렸다. 원장께서는 상대측은 프랑스의 유명한 법무법인이 나서는데 우리는 특허사무소에서 대응해서야 되겠느냐며 법무법인을 소개해 주시고 적극적인 재정적 지원을 약속하셨다.

최종 법정에 서게 되면 결국 양측의 변호인에 의해서 승패가 좌우된다. 그 때문에 우리 측 유럽 대리인의 소송 역량이 걱정스러웠고 의구심마저 들었다. 우선 특허사무소, 법무법인과 수차례 회의를 거쳐 우리 측 유럽 대리인의 역량을 평가하고 기술적 대응전략을 세우기로 했다. 우리 측 유럽 대리인에게 전공, 경력 등에 대한 자료를 요청해 상대측 대리인과 비교 분석하였다. 상대측 법무법인은 프랑스의 대형급 특허 법인이고 상대 대리인은 금속재료를 전공하고 철강회사 근무 경력이 10년이나 되는, 기술적 배경이 탄탄한 최적의 적임자였다. 반면 우리 측 법무법인인 네덜란드의 EP&C는 중형급 특허 법인에다 담당 변리사의 전공도 화학이어서 매우 마음에 걸렸다. 그러나 한편으로는 EP&C가 지난 5년 동안 이 건을 맡아 왔기 때문에 쟁점을 정확히 파악하고 있다는 장점이 있다고 생각했다. 우리는 시간이 한 달 반 정도 남은 상태에서 현지 대리인을 교체하는 모험을 할 수 없었고, 비용과 효과를 고려해야만 하는 입장이었다.

▶▶▶ 현지 대리인이 불안하다

특허법원 구두심리에서 변호인은 매우 중요하다. 그러나 나는 그때까지 유럽 현지 대리인을 보지도 않았으니 대리인에 대한 불안감을 떨쳐 버릴 수가 없었다.

그동안 우리의 대응방침은 비용을 절감하자는 것이 기본 취지였다. 비용을 절약하기 위해 국내 대리인을 주로 활용하고 대부분의 준비는 발명자들이 모두 수행했기 때문에 현지 대리인은 우체부 역할만 해왔다. 그런데 이제 현지 대리인이 주역으로 나서야 하는데 어떻게 이 사람의 실력을 확인한단 말인가.

나는 네덜란드 현지 대리인에게 "소송 경험이 얼마냐? 승소율은 얼마냐?"와 같은 직접적인 표현으로 편지를 발송했다. 돌아온 대답은 소송경험이 50회란다. 이만하면 믿고 갈 수 있는 경력의 소유자 아닌가? 그런데 승소율도 50%란다. 이 50%가 나를 혼란스럽게 만들었다. 50%는 질 확률을 가지고 가야 한다는 뜻이었다.

나는 다시 "당신들이 계속 맡아서 이 건을 진행하되 역량이 의심되니 유럽특허청이 있는 뮌헨의 변호사를 추가하는 것에 대해서 어떻게 생각하느냐."라고 물었다. 이에 유럽 대리인은 양면성이 있다는 의견이었다. 즉 팀워크가 잘 맞는 경우는 시너지 효과가 나타나지만 팀워크가 안 맞으면 오히려 역효과가 나타날 수 있다며 EP&C 내에서 2명이 팀을 이루어서 맡을 테니 비용대비 효과를 고려해 결정하라는 것이다. 결국 우리는 많은 고민 끝에 현재의 EP&C 유럽 대리인에게 사건을 믿고 맡기기로 결정했다.

현지 대리인에 대한 고민을 매듭짓고, 우리에게 남은 숙제는 그들에게 기술적인 사항을 공부시키는 일이었다. 전문지식 관련 쟁점들에 대해 종합적으로 정리한 보고서와 질문서를 주고받는 방법으로 현지 대리인을 공부시키기 시작했다. 그러나 이 방법도 믿음직스럽지 않았다. 우리 측 유럽 대리인이 얼마나 이 건에 대해서 기술적인 사항을 이해하고 있는지, 어떤 전략을 가지고 대응하려는 것인지에 대한 의구심이 자꾸만 생기는 것이다. 이렇게 현지 대리인에 대한 믿음이 안 서고서야 어떻게 승소를 할 수 있을까?

이 무렵 나는 유럽에 출장 갈 기회가 생겨 현지 대리인과 만날 방법을 찾았다. 마침 파리에서 특허 관련 국제회의가 열려 우리 측 유럽 대리인인 Kortekaas 씨가 내가 출장 가는 그 주에 파리에 체류한다는 정보를 얻게 되었다. 2010년 10월 1일 파리행 비행기에 올랐다. 한국 측에서는 우리 팀 연구원 한 명과 국내 특허 대리인이 동행하였다.

파리의 한 호텔 로비에서 처음으로 EP&C의 Kortekaas 씨와 Volmer 씨를 만나게 되었다. 현지 대리인이 묵고 있는 호텔이 우리가 묵고 있는 호텔보다 훨씬 비싼 곳이어서 그곳에서 회의를 하기로 하고 찾아갔다.

비싼 호텔은 회의실을 무료로 제공 해주는 줄 알고 회의실 사용에 대해서 문의하니 회의실을 사용하려면 1,500유로를 내라고 한다. 낭패가 아닐 수 없었다. 이런 큰돈이 어디 있겠는가? 우리는 비용을 절약해야 했기에 돈을 내지 않고도 회의할 수 있는 공간을 찾았다. 1층에는 사람들이 너무 많이 왔다 갔다 해서 회의할 공간이 없었다. 2층 역시 식당으로 꽉 차 있어서 공간이 없었다. 한층 더 올라가 3층을 이리저리 뒤졌지만 공짜로 회의할 공간은 없었고 모두 문이 잠겨 있었다. 4층까지 올라가니 4층부터는 객실로 이루어져 있었다.
4층을 여기저기 찾으니 복도 구석에 한적하면서도 제법 넓은 장소가 있었다. 우리가 찾을 수 있는 최선의 장소였다. 카펫에 바로 앉아서 회의를 할 수 없어서 복도를 모두 뒤져 책상과 의자를 모아 놓고 회의를 시작했다. 가지고 간 자료만 해도 수백 페이지였다. 수백 페이지 자료를 펼쳐놓고 구석진 복도에서 회의를 하니 호텔 투숙객들은 의아한 눈으로 바라보며 지나갔다.

우리는 먼저 EP&C의 대응전략에 대해 들었다. 설명을 듣고 나는 엄청난 실망감으로 정신적 충격에 빠지고 말았다. 근본적인 문제가 있었다. 우리 특허에 대해 현지 대리인들의 전문지식이 너무 부족했다. 원자력발전소와 관련된 것이나 재료학적인 지식에 대해서 그들은 아는 것이 없었다. 이 문제를 어떻게 풀어간단 말인가. 그동안 돈을 아끼려고 우체부 역할만 하라고 했으니 이 사람들을 나무랄 것도 못 되었다. 작전을 바꾸어서 현지 대리인을 공부시키는 데 온 정열을 쏟았다. 기초 공부부터 다시 시키자는 마음으로 기술적인 사항에 대해 하나하나 설명을 해 나갔다.

우선 현지 대리인이 모르는 전문용어와, 재료와 관련된 현상에 대해서 그림까지 그려가며 자세히 설명했다. 용해, 단조, 압출, 부식, 인장강도 등이 무엇인지 매우 기초적인 지식부터 공부를 시켰다. 현지 대리인의 전공이 재료분야가 아니기 때문에 처음에는 이해시키는 데 어려움이 많았지만 다행히 Kortekaas 씨는 매우 영리한 사람이라 쉽게 기

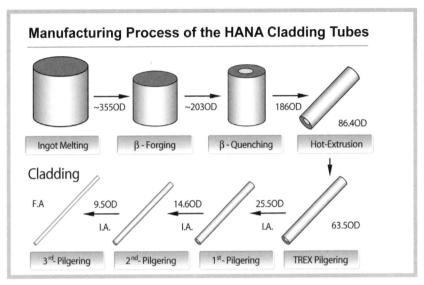

Manufacturing Process of the HANA Cladding Tubes

Ingot Melting ~355OD → β - Forging ~203OD → β - Quenching 186OD → Hot-Extrusion 86.4OD

Cladding

3rd- Pilgering F.A 9.5OD I.A. ← 2nd- Pilgering 14.6OD I.A. ← 1st- Pilgering 25.5OD I.A. ← TREX Pilgering 63.5OD

하나 피복관 제조공정

술적인 분야를 이해하고 대응방안을 정리해 나갔다.

오전에는 기초 공부, 오후에는 응용공부를 시키고 끝날 무렵에는 주
로 실전 공부를 시켰다. 아침 9시부터 시작된 회의는 저녁 7시가 되어
서야 끝이 났다. 다음 날에는 귀국 비행기를 타야 했기 때문에 더 이상
공부를 시키거나 준비할 시간이 없었다. 그저 우리가 여기까지 와서
사전 회의를 하게 된 것이 얼마나 중요하고 효과적이었는지 스스로 위
로할 뿐이었다. 마음 한 구석에는 우리 측 유럽대리인의 준비 상황에
대한 불안감이 여전했다.

한국으로 돌아온 나는 국내 특허 대리인들과 철저한 사전 준비에 들어
갔다. 일단 구두심리 하루 전에 다시 유럽 현지 대리인들과 최종 대책

회의를 하기로 하고 남은 한 달 동안 우리끼리라도 철저히 준비하기로 했다. 우리는 일주일에 한 번씩 만나 준비 회의를 했다. 매 회의 때마다 시간이 부족해 샌드위치를 시켜 먹으면서 식사 시간까지 아껴야 했다. 한 달 동안 3회의 샌드위치 회의와 1회의 전화 회의를 실시하여 나름대로 최선을 다해 구두심리 준비를 했다. 상대방의 주장을 철저히 분석해 대응전략을 세우고, 500페이지나 되는 선행기술과 서류들을 분석하기 위해서는 많은 주말과 저녁 시간을 활용해야만 했다.

▶▶▶ 결전의 날이 다가오다

2010년 11월 1일.

드디어 뮌헨행 비행기에 올랐다. 나와 박정용 박사, 특허사무소 소장, 지금까지 이 건을 담당해왔던 변리사 두 명, 이렇게 다섯 명은 매우 무거운 마음으로 출장길에 올랐다. 모두들 무거운 책임만큼이나 얼굴 표정 또한 어둡고 긴장돼 있었다. 비행기 내에서 나는 내내 특허소송 관련 서류들을 최종적으로 정리했다. 보통 때 같으면 영화도 보고 잠도 잤을 법한데 왠지 이번에는 졸리지도 않는다.

자료 검토를 모두 마친 나는 귀국 후에 원장께 보고할 출장 보고서를 미리 2종류로 작성하기 시작했다. 만약 패소할 경우 정신적 충격으로 보고서를 제대로 작성할 수 없을 것 같아 맨 정신일 때 써두자는 생각에서였다. 승소했을 경우는 별도의 특별한 보고서가 필요 없을 것이고 보고서 작성도 쉽다. 준비과정부터 승소하기까지의 과정이 계획대로 진행되었다고 보고하면 된다. 그러나 패소했을 경우는 보고서가 복잡해진다. 우선 패소 원인을 분석해야 하고 향후 상업화에 미칠 영향을 철저히 분석해 보고해야 하므로 머리가 아프다. 패소할 경우 어떻게 보고해야 할지 걱정이 앞서서 더 이상 진도가 나가지 않았다. 일단 희망적으로 생각하자고 스스로 위안을 했지만 불길한 예감으로 걱정이 가득하다.

2010년 11월 2일.

아침 8시 30분부터 호텔 로비 일부를 차지하고 마지막 대책회의를 시작했다. Kortekaas 씨의 제안에 따라 다음 날 진행될 일정과 유사한 형식으로 쟁점에 대해서 하나씩 점검해 나갔다. 우선 법률 관점에서 현지 대리인들과 국내 변리사들 간의 의견 조율을 마친 뒤 회의 시간 대부분을 현지 대리인에게 전문적인 지식을 공부시키는 데 사용했다. Kortekaas 씨는 이 분야를 전공하지는 않았지만 우리가 설명하는 것을 매우 잘 이해했고, 알려준 전공지식을 어떻게 공격과 방어에 사용할 것인가에 대한 논리개발에 무척 열정을 보였다. Volmer 씨 또한 논리가 부족하고 영어가 서투르지만 무척 적극적인 자세로 꼼꼼히 자료를 준비해 주었다. 마지막으로 내일 각자 해야 할 역할에 대해 협의를 하고 대책회의를 마쳤다.

Kortekaas 씨는 대표 변호인으로서 모든 발언과 답변을 하기로 했고, Volmer 씨는 기술적인 상황을 정확히 파악해 논쟁에서 불거져 나오는 모든 질문들에 대해 빠르게 답변을 찾아 대표 변호인에게 메모로 전달하는 역할을 맡았다. 재판관이 발명자인 나에게 직접 질문을 하면 절대 단독 판단으로 답변하지 말고 상의를 거친 후 대표 변호인인 Kortekaas 씨만이 답변하도록 하는 전략을 세웠다. 우리는 저녁 7시에 회의를 마친 후 식사를 함께한 뒤 각자 방으로 헤어졌다.

방으로 들어왔지만 불안해서 잠도 오지 않았다. 불안감을 떨쳐내기 위해 밤 11시에 호텔 로비로 내려갔더니 우리 측 유럽 대리인 둘이서 그때까지 내일 심리에 대한 논의를 심각한 표정으로 계속하고 있었다. 그들이 그렇게 열심히 준비하는 모습을 보니 불안했던 내 마음도 약간 진정되었다.

2010년 11월 3일.
드디어 최종 소송심리가 열리는 결전의 날이다. 우리 모두는 무거운 마음으로 심리가 열리는 법정에 8시 40분에 도착했다. 법정 앞에는 이미 아레바 측 법률대리인, 아레바사의 특허팀 담당자 및 지르코늄 전문가 등 3명이 와서 기다리고 있었다. 아레바 측 지르코늄 전문가는 내가 매우 잘 아는 Barberis 박사로 우리는 국제 학회에서 자주 만나 여러 가지 학술적인 사항을 토의하던 사이였다. Barberis 박사는 언제부터인가 내가 국제학회에 참석하면 하나 피복관의 개발 현황에 대해서 많은 관심을 보이며 꼬치꼬치 물어보던 전문가였는데, 오늘 보니 소송을 위해 의도적으로 접근했던 것이다.

이들을 보는 순간 오늘 게임이 쉽지 않겠다는 생각과, 문제가 잘 풀리지 않을 것 같다는 불길한 예감이 들었다. 상대는 원자력 분야에서 세계 최고를 자랑하는 회사다. 저들이 특허 소송을 걸어올 때는 저들 나름대로 자신감이 있어서 시작했을 텐데 우리가 과연 상대할 수 있을까 하는 불안감이 엄습해 오기 시작했다.

8시 55분에 판사들이 도착하고 우리는 법정 안으로 들어가서 자리를 잡았다. 3명의 판사(주심, 기술 분야 판사, 법률 분야 판사)를 중심으로 오른쪽에는 우리 측 참석자가, 왼쪽에는 아레바 측 참석자가 앉고 뒤에는 유리로 된 통역박스 안에 4명의 통역사들이 앉았다. 난생처음 경험하는 이러한 분위기에 일단은 주눅부터 들었다.

주심은 심리 대상이 되는 우리 특허에 대해 개략적인 설명을 시작했다. 그리고 이미 유럽특허청 사전 의견으로 양측에 한 달 전에 제시되었던 쟁점들에 대해서 심리를 하겠다고 선언했다.

예상되는 쟁점은 약 10개 정도였고 이들 쟁점에 대해 하나씩 논쟁이 시작되었다. 판사들 3명은 모두 영어와 불어를 능숙하게 하는 사람들이어서 우리 측하고는 영어로, 아레바 측하고는 불어로 대화를 하였다. 우리 측에서는 계속 헤드폰을 착용하고 불어로 오고 가는 내용을 통역을 통해서 정확히 파악해야 했다.

첫 번째 쟁점은 특허 용어에 관한 법률적인 논쟁이었다. 주심은 우선 아레바 변호인에게 공격할 기회를 준 다음 우리 측 변호인에게 방어할 기회를 주었다. 그런 다음 양측에게 핵심적인 질문을 하여 결론을 내리는 데 도움이 되는 물적·심적 자료를 확보했다. 양측에서 2-3번의 공방이 오가면 주심은 5분 정도의 휴정을 선언하게 되는데, 이때 참석자들은 모두 밖으로 나가야 했다. 법정 안에서 3명의 판사들이 내부 회의를 거쳐 최종 결론을 내면 다시 우리들을 불러들였다. 첫 번째 용어에 관한 쟁점에 있어서는 판사들이 아레바 측의 의견을 받아들였다. 이것은 기술적인 쟁점이 아니므로 크게 신경 쓰지 않았으나 왠지 불안해지기 시작했다.

두 번째 쟁점도 특허 구성과 관련된 법률적인 쟁점인데 다행히 이번에는 판사들이 우리 손을 들어 주었다.

다음에는 특허의 신규성에 관한 쟁점인데 이 부분에도 2-3개의 쟁점이 있었지만 판사들이 우리 특허의 신규성을 인정해 주었다. 그러자 아레바사 측에서는 신규성에 대해서는 논의를 하지 않고 바로 진보성에 대해서 논의를 하자고 제안했다. 진보성 관점은 지금까지 상대측에

서 집요하게 물고 늘어졌던 부분이고 쟁점이 많기 때문에 매우 긴장이
되었다.

여러 진보성 관련 쟁점 중에서 가장 중요한 쟁점인 두 가지 제조공정
변수에 대해서 논쟁이 시작되었다. 상대측에서는 두 가지 변수가 종속
관계이기 때문에 신규 발명이 될 수 없다고 주장했다. 우리 측 변호인
은 두 가지 변수가 종속관계가 아니라 별개의 발명 사항이라는 것을 기
술적인 배경을 근거로 매우 논리적이면서도 강력하게 주장했다. 양측
에서 2-3번의 공방이 오갔고, 판사들도 몇 가지 핵심 사항에 대해서 질
문을 던졌다. 이 쟁점에 대해서는 휴정을 하여 결론을 내리지 않은 채,
다음 쟁점인 규소와 산소 첨가의 영향에 대한 논쟁이 계속되었다.

우리 측은 규소와 산소는 중요한 합금원소 중 한 원소이며 반드시 인
위적으로 첨가해야 한다고 주장한 반면, 상대측은 규소와 산소는 합금
원소가 아니라 단순한 불순물에 불과하므로 신기술이 될 수 없다고 주
장했다. 양측 공방이 끝난 후 판사들은 기술적인 사항에 대해서 양측
에 수차례 질문을 했다.

나는 여기서 변호인의 역할과 역량이 얼마나 중요한지를 직접 눈으로
보게 된다. 상대측 변호인도 프랑스의 일류 법무법인에서 일하는 유명
변호인이고 나름대로 공방의 기술을 가지고 있었지만, 우리 측 변호인

인 Kortekaas 씨의 변호 능력이야말로 모두를 감탄하게 만들었다. 매우 차분한 말투로 흥분하지 않고 정확한 영어를 구사하면서 누구나 이해할 수 있는 화법으로 변호를 해 나갔다. 상대방이 약점을 보이거나, 잘못된 사실이나 증거에 의하지 않는 변호를 할 경우에는 즉각적으로 강력하게 공격을 하는 작전을 구사했다.

더욱 놀라운 것은 상대측은 이 분야 전공자이고 Kortekaas 씨는 전공자가 아닌데도 불구하고 우리가 전날 대책회의를 통해서 알려준 기술적인 사항을 120% 활용해 법률적인 논리와 결합하여 상대측을 압도해 나갔다. 우리는 우리 측 변호인을 완전히 신뢰하기 시작했다. 점차 법정의 분위도 우리 측에 유리한 방향으로 흐르고 있음을 감지할 수 있었다.

▶▶▶ WE WON!

진보성의 두 가지 쟁점에 대해 꽤 오랜 시간의 공방이 오간 후 이번에도 주심은 정회를 선언했다. 앞의 정회 때는 5분 정도 밖에서 기다리면 들어오라고 했는데, 이번에는 30분이 되어도 부르지 않는다. 나는 점점 불안해지기 시작했다. 3명의 판사가 합의점을 찾지 못해서 오래 걸린다고 생각했다. 30분 만에 정회를 마치고 다시 자리에 앉았을 때 주심은 뜻밖의 말을 했다. "더 이상 논쟁을 계속할 필요가 없을 것 같다. 지금까지의 쟁점들에 대한 결과를 바탕으로 최종 결론을 내리겠다."고 선언했다.

"이의 신청인이 주장하는 본 특허와 관련한 무효신청은 법률적으로나 기술적으로나 근거가 없으므로 이 특허는 청구항 수정 없이 원안대로 유효하다."

당초 오후 5시까지 예정되었던 심리가 3시간 만에 끝났다. 그리고 나머지 많은 쟁점들은 더 이상 논의도 없이 끝나버린 것이다. 나는 솔직히 심판관의 마지막 선언을 잘 듣지 못했다. 그래서 밖으로 나오자마자 Kortekaas 씨에게 어떻게 된 것이냐고 급하게 물었다.

"WE WON!"
나는 다시 한 번 더 확인한 후 Kortekaas 씨의 손을 잡고 "Thank you."라는 말만 연발했다. 옆에 있는 동료들에게도 손을 잡고 고맙다고 말했다. 고맙다는 말 외에는 생각나는 말이 없었다. 이때의 기쁨은 내가 지금까지 살아오면서 겪어보지 못했던 최고의 환희였다.
우리는 유럽특허청 본관 앞에서 기념사진 촬영을 한 후 함께 모여 승리를 자축하며 오늘 일에 대해 환담을 나누었다. 이 기쁜 소식을 즉시 원장과 본부장께 메시지로 송부하는 것으로 어렵고, 힘들고, 외롭고, 두려웠던 지난 5년간의 특허 전쟁 업무를 마쳤다.

1심 승소 후 유럽특허청 앞에서 우리 측 대리인과 함께

1심 특허승소 관련 신문기사

▶ 위험한 과학자, 행복한 과학자 – 01장 7년간의 특허 전쟁

▶▶▶ 아레바가 다시 항소를 제기할 줄이야

아레바사가 다시 항소를 제기할 것이라고는 아무도 예상하지 못했다. 1차 소송에서 완승한 후 우리 측 유럽대리인에게 상대측에서 항소를 제기할 가능성이 있느냐고 물어본 적이 있다. 그는 우리가 완승을 했으므로 아레바사가 항소할 가능성은 매우 낮다는 의견을 내놓았다. 유럽특허청으로부터 받은 항소장은 그래서 더욱 우리를 놀라게 했다.

2011년 3월 17일, 유럽특허청으로부터 아레바사가 항소했다는 문서를 받았다. 싸움은 다시 시작이다. 1차 소송에 5년이라는 긴 시간이 걸렸는데 이 소송도 지금 시작하면 언제 끝날지 모르는 상황이다. 그리고 항소심은 상위 특허법원에서 다루기 때문에 1차 소송에서 우리가 승소했다고 또다시 승소한다는 보장도 없고, 누구도 결과를 예측할 수 없다. 연구자로서는 경험하기 어려운 피 말리는 싸움이 될 수 있었다.

1차 소송 때는 준비하는 과정에서 행정적인 절차, 법률적인 검토, 기술적인 검토까지 모두 발명자가 주관하여 준비를 했다. 그러나 한 가지 다행스러운 것은 소송 이후 연구원 내에 특허팀이 생기고 특허 변리사도 충원되어 조금은 시간을 덜 투자해도 된다는 점이었다.

아레바가 제기한 항소 사유서를 철저히 분석한 결과, 1차 소송 시 제기했던 의견서와 크게 다른 것을 발견하지 못했다. 우리는 답변서를 작성하기 위해서 국내 대리인 및 유럽 대리인과 여러 번의 서신을 교환한 뒤, 2011년 7월 7일에 1차 답변서를 유럽특허청에 제출했다. 그리고 몇 달 후인 2011년 11월 16일 아레바로부터 우리 답변서를 반박하는 2차 의견서를 받았다. 다시 우리는 2차 의견서를 면밀히 검토한 후 2012년 5월 2일 2차 답변서를 제출하였다.

이렇게 쌍방 간 서류 공방이 계속되는 것은 연구에 열중해야 하는 연구원에게는 엄청난 스트레스이며, 다른 업무에 열중하지 못하도록 만드는 일이었다. 연구자로서는 경험하지 말아야 하는 사건임에 틀림없다. 우리는 유럽특허청에 본 발명에 대한 최종 구두심의가 오래 걸리면 상업적으로 어려움을 겪게 되므로 최종 구두심리를 빨리 개최해 달라고 요청했다.

드디어 유럽특허청으로부터 구두심리가 2013년 3월 26일에 개최되니 참석하라는 소환명령서를 받았다. 소환장과 함께 재판관의 예비의견서도 받았다. 예비의견서를 면밀히 검토해 보니 1심에서와는 다르게 상대측의 주장을 인정해 주는 내용이 포함되어 있어서 불안한 마음을 떨쳐버릴 수가 없었다.

마침 이 무렵은 우리가 개발한 하나 신소재 기술을 산업체에 기술 이전하려는 협상이 본격적으로 진행되던 시기였고, 기술이전료와 기술이전 조건이 거의 마무리되어 마지막 서명식만 남겨놓고 있는 상태였다. 그러므로 우리가 특허 항소심을 받고 있다는 이야기를 마음 놓고 할 수 있는 분위기가 아니었다. 물론 해당 특허는 분쟁이 종료되지 않아 기술이전 특허에는 포함시키지 않고 분쟁 종료 시 이전한다는 조건으로 추진되고 있었다. 만약 우리가 2차 항소심에서 패소한다면 하나 신소재 개발자로서 그리고 기술이전 기관으로서 받는 타격은 감당하기 어려울 것으로 예상되었다. 따라서 특허 관련자(발명자, 특허관련 직원, 경영진 등)들을 중심으로 철저히 준비를 해야 했다.

1심 때는 발명자들이 소송을 주도했지만 2심에서는 연구원에 새로 입소한 유연형 변리사가 소송준비를 주도하고 우리는 도와주는 역할을 했다. 2심에서는 당시 정연호 원장의 적극적인 지원으로 특허소송 대응팀을 재구성하였다. 원장은 2심에서 지면 모든 것이 물거품이 되니 모든 방법을 동원해서라도 이겨야 한다며 우리나라에서 가장 유능하다는 법무법인의 변호사를 추가로 활용할 수 있도록 적극 지원해 주셨다. 그러나 항소심을 한 달 남겨놓고 고용한 유능한 변호사는 심적으로는 많은 도움이 되었으나 실질적으로 크게 도움이 된 것 같지는 않다.

▶▶▶ 유럽특허청 133호에 들어서다

2013년 3월 24일, 나는 우리 팀의 연구원, 변리사들과 함께 독일로 가는 비행기에 다시 올랐다. 2년 반 전 1심에 갈 때와 마찬가지로 서류준비와 결과에 대한 부담감으로 잠을 한숨도 잘 수 없었다. 1심에서 우리가 승소했다는 점, 현지 대리인인 Kortekase 씨가 매우 유능한 변호사라는 점, 나름대로 준비를 철저히 했다는 점에 조금은 안심이 됐지만 불안한 마음을 떨쳐버릴 수가 없었다.

약속한 호텔에 도착하니 이미 Kortekaas 씨와 Volmer 씨가 로비에서 기다리고 있었다. 우리는 내일 사전 회의 일정에 대해 논의한 후 모두 잠자리에 들었다.

항소심 하루 전인 2013년 3월 25일(월), 한국에서 간 6명의 대응팀은 2명의 현지 대리인과 함께 호텔 회의실을 빌려 하루 종일 사전 대책회의를 실시했다. 회의는 특허에 대한 쟁점사항을 먼저 점검하고, 상대측에서 제시한 인용 문헌을 하나하나 점검한 후 최종적으로 답변할 시나리오에 대해 의견을 나누는 식으로 진행되었다. 가장 중요한 것은 우리 측 유럽 대리인이 내일 어떻게 상대측 공격에 효과적으로 대응하느냐 하는 것이므로 Kortekaas 씨에게 가능한 한 많은 기술적 지식을 공부시켜야 했다. 나는 유럽 대리인을 공부시키는 데 대부분의 시간을 보냈다.

아침에 일어나 거울을 보니 덥수룩한 수염이 거슬렸다. 혹시나 해서 일주일간 면도도 하지 않았다. 아내가 승리의 징표로 챙겨준 빨강 넥타이를 매고 유럽특허청으로 향했다. 30분 전에 도착해 재판관을 기다리는데, 상대측에서도 3명이 이미 도착하여 회의장 밖에서 기다리고 있다. 상대측 전문가로서 이 분야의 권위자인 Barberis 박사는 내가 전부터 잘 아는 사이지만 법정에서 두 번씩이나 만난다는 것이 반갑지 않았다. 그가 원망스럽기도 했지만 겉으로는 반갑게 인사한 후 지난번 Barberis 박사가 국제학회 의장으로 주관했던 지르코늄 학회에 대해 잠시 이야기를 나누었다.

9시에 3명의 판사가 입실한 후 우리를 불러서 따라 들어갔다. 맨 처음 주심은 특허의 명료성에 대해 이의가 없느냐고 물었다. 명료성에서는 아무런 이의가 없었다.

다음은 기재불비(記載不備)[1]에 대해서 의견을 묻는데 상대측 변호사는 우리 특허에서 열처리 공정에 대한 상세 기술, 석출물을 제어하는 상세 기술, 조성범위를 한정하는 상세기술이 없으므로 기재불비로 특허에

---

1) 기재불비(記載不備): 명세서의 기재가 특허법에서 규정하는 발명의 상세한 설명 또는 청구 범위에 기재되어야 할 요건을 구비하고 있지 않은 상태. 특허 출원의 거절 이유가 된다.

문제점이 있다고 공격한다. 우리 측 변호사는 기재불비 사항 하나하나에 대해서 명료하게 기술되었음을 강조하며 심판관들을 설득해 나갔다. 신규성에 대해서 상대측은 문제를 제기했으나 판사들은 수긍하지 않는 분위기였다. 이후 주심은 정회를 선언했다.

정회 시간에 우리는 밖으로 나왔고, 판사들은 위의 3가지 사항에 대해서 합의 도출을 위한 회의를 실시했다. 다시 불러서 들어갔더니 본 특허는 명료성, 기재불비 관련 필수사항, 신규성 모두를 갖추었으니 문제가 없다고 주심이 선언했다. 그리고 이제는 진보성에 대해서 논의하자고 했다. 당초 우리도 본 특허의 신규성은 인정받을 것이고 진보성에서 판가름이 날것이라고 예상하고 있었다.

진보성에서는 상대측에서 많은 준비를 해서 다양한 공격을 시도했다. 상대측 변호인은 수십 가지 인용 문헌을 근거로 다각적인 방향에서 문제점을 지적했다. 그러나 우리 측 변호인은 특허의 원칙에 입각해서 선행 문헌에서 우리가 베낀 것이 없고 우리 특허가 4가지 중요한 특징을 가지는 독창적인 발명이라는 점에 초점을 맞추어 논리적으로 설명해 나갔다. 지난 1심에서도 느꼈지만 역시 소송에서는 변호인의 역할이 중요하고, 소송에서 이기려면 똑똑한 변호인을 고용해야 한다는 사실을 새삼 느꼈다. 1시간 정도의 공방이 오간 후 다시 정회에 들어갔다. 30분 후 속개된 심리에서 주심은 최종 판결을 내렸다.

"본 특허는 제출된 원안대로 특허성을 인정한다."

1심에서는 12시 정도에 끝났는데 2심에서는 11시에 모든 것이 종료되었다.

지난 7년은 너무나 긴 세월이었고, 나로서는 처음 경험하는 어려운 사건이었다. 법정을 나와서 상대측 전문가인 Barberis 박사와 인사를 나누었다. 다음에는 이 분야에서 협력 관계로 만나자고 인사를 나눈 후 우리 측 일행은 133호 법정 앞에서 승리의 기념 촬영을 했다. 이후 구내식당으로 옮겨서 맥주로 간단한 축하 인사를 나누고 그동안 수고해준 우리 대응팀에게 고마움을 표시했다.

우리 일행들이 환담을 나누는 사이, 나는 밖으로 나와 원장께 전화를 드렸다.

2심 승소 후 우리 측 대리인들과 함께

"방금 전 유럽특허 항소심에서 우리가 완벽하게 이겼습니다."

원장께서는 이제 여한이 없다며 그동안의 수고에 대해 치하하셨다. 부원장을 비롯한 관련자들께도 승소 소식을 메시지로 날렸다. 그리고 같이 고생한 우리 연구팀원들에게 승전보를 알렸다.

현지 대리인은 저녁에 네덜란드로 돌아가야 하므로 저녁 식사는 같이 하지 못했지만, 한국에서 같이 간 우리 일행은 이날 저녁 뮌헨의 마리엔 광장으로 나갔다. 전통 독일 식당에서 맥주와 돼지고기, 감자, 소시지가 들어간 독일 전통 음식을 맛있게 먹으며 축하 파티를 했다. 저녁 식사 자리에서 그동안 같이 고생한 모든 분들께 다시 한 번 고마움을 전했다.

유럽특허청에서 받은 최종 판결문

▶ ▶ ▶ 독일에서 시작해서 독일에서 막을 내린 나의 연구생활 30년

나는 독일과 특별한 인연이 있다. 1991년 처음으로 지르코늄 신소재 개발의 꿈을 심어 주었던 나라가 바로 독일인데 아이러니하게도 국제 특허 소송을 마무리한 나라도 독일이다. 그러고 보니 독일은 나에게 과학자로서의 새로운 꿈과 핵심원천기술 확보를 위한 시련을 동시에 안겨준 애증이 교차되는 나라라고 하겠다.

이 시점에서 우리가 겪은 특허 소송의 의미를 다시 생각해 보고자 한다. 우선 한국 원자력기술 분야에서는 처음 겪은 이번 사건은 우리나라 원자력기술의 현주소를 알려주는 매우 중요한 이정표였다. 아레바사 같은 세계 최대 회사가 우리 기술에 대해 상당한 비용과 시간을 소비하면서까지 무효소송을 제기했다는 것 자체가 매우 중요한 의미를 갖는다. 한국의 원자력기술이 급속도로 성장해 해외에 원자력발전소까지 수출되는 현 상황을 그냥 두고 볼 수 없다는 뜻으로 이해되며 한국을 강력한 라이벌로 인식한다는 증거라고 할 수 있기 때문이다. 한국에서 원자력기술이 발전하는 것을 막기 위해서는 한국의 원천기술 확보를 근본적으로 막아야겠다고 생각했을 것이다. 또한 최근에 출원되는 핵심특허를 집중적으로 조사·분석하여 기술적 가치가 매우 크고, 경제성도 있으며, 향후 아레바보다 앞서 나갈 수 있는 핵심 기술에 대해서는 뿌리부터 잘라야겠다고 판단했을 것이다.

우리가 개발한 하나 피복관 기술에 대해 아레바가 무효소송을 제기했다는 것 자체만으로도 우리가 개발한 하나 신소재 원천기술이 얼마나 가치가 있는 것인지를 객관적으로 입증해 주는 사건이라고 생각한다. 7년 반 동안의 집요한 공격에도 불구하고 우리가 승소했다는 것은 유럽 특허청 같은 국제 공인기관에서 우리의 신기술을 다시 한 번 인증해 준 것이다. 결과적으로 우리 하나 신소재 기술의 가치를 더욱 상승시킨 것이다.

'하나' 피복관 특허분쟁 최종승소 관련기사

지르코늄에 대해 학교에서 배운 적도, 옆에서 이야기하는 것도
들어본 적이 없다. 지르코늄에 대해서는 문외한이었다.
주변의 선후배에게 물어보아도 특수 소재인 지르코늄
재료에 대해 아는 사람이 없었다.

지르코늄! 너 잘 만났다

지르코늄!
너 잘 만났다

▶▶▶ 지르코늄과의 첫 만남

대학원 생활이 마무리되어 가는 어느 해 늦가을, 졸업을 위한 실험과 논문 작성은 거의 마무리하고 마지막 논문발표만 남겨두고 있었다. 큰 이변이 없는 한 졸업은 하게 되어 있었다.

이때쯤이면 대부분의 동기생들은 진로에 대해서 많은 고민에 빠진다. 취직을 할 것인지 계속 박사학위 공부를 할 것인지, 박사과정을 한다면 유학을 갈 것인지 국내에서 할 것인지 등을 고민한다. 나도 진로에 대한 고민을 피해 갈 수는 없었다. 대부분의 동기생들과 같이 박사과정에 진학하고 싶었으나 공부를 계속할 수 있는 형편이 아니었다. 군대를 다녀와서 대학원에 진학했고 석사과정 동안에 사랑하는 사람과 가정을 이루어 4개월 된 아들, 다민이와 함께하는 생활이었기 때문이다. 꿈만 좇을 형편이 되지 못해 일단 꿈을 접고 취직부터 하여 경제적으로 자립하기로 마음먹었다.

취직하기로 마음먹고 본격적으로 신문광고를 뒤적이기 시작했다. 당시에는 인터넷도 없던 시절이라 매일 도서관으로 출근하여 모든 신문의 구인광고란을 열심히 살폈다. 그러다 우연히 모 신문에 난 한국에너지연구소의 연구원 모집 광고를 보게 되었다. 자세히 보니 석사학위를 가진 재료분야의 연구원을 모집하는 내용도 포함되어 있었다.

사실 나는 한국에너지연구소가 무슨 연구를 하는지 전혀 아는 바가 없었고 단지 에너지 관련 연구를 하는 곳이라는 막연한 생각뿐이었다. 재료를 전공한 내가 에너지와 관련하여 무슨 연구를 할지 알 수는 없었다. 그러나 한국에너지연구소가 대덕연구단지에 있는 정부출연 연구소라는 장점은 반드시 취업에 성공해야겠다는 열망을 불러일으켰다. 당시만 해도 대덕연구단지는 많은 과학자들이 오고 싶어 하는 직장이었고 외국에서 공부한 많은 과학자들을 유치과학자로 모셔오는 시절이었기 때문이다.

한국에너지연구소는 원자력을 연구하는 종합연구소였다. 원래 이름은 한국원자력연구소인데 시대적 상황으로 인해 내가 입사하기 불과 몇 년 전에 한국에너지연구소로 이름이 바뀌었다고 한다.

입사지원서를 내고 얼마 지나서 필기시험을 보러 오라고 연락이 왔다. 요즘은 연구원 채용 때 서류전형, 논문발표, 심층면접 등의 절차를 거치지만 당시에는 필기시험을 더 중요시했다. 필기시험을 보기 위해 태어나서 처음으로 대덕연구단지를 방문했다. 대덕연구단지는 기대와는 달리 주변의 인프라가 형성되지 않아 황량하기 그지없었다. 택시를 타고 꼬불꼬불한 2차선 도로를 한참 달려서 도착하니 산골짜기 아래에 한국에너지연구소가 자리 잡고 있었다. 필기시험장에 가니 내가 지원한 재료분야에만 약 60명이 필기시험을 위해 기다리고 있었다. 너무 많은 사람들이 지원하여 합격할 것이라는 기대를 못 하고 다른 회사를 알아보고 있는데 2차 면접시험을 보러 오라는 연락을 받았다. 2차 면접시험에는 재료분야에서 6명이 면접을 보았고, 이 중 최종 2명만이 연구소에 입소하게 되었다.

운이 좋아서였는지 나는 대학원 졸업 후 처음으로 지원한 직장에 합격했다. 합격과 동시에 대전으로 내려오게 되었고 원자력과 운명적인 인연을 맺게 되었다.

1985년 3월에 발령을 받아 처음으로 배치를 받은 부서가 핵연료개발부의 원자력재료연구실이다. 원자력재료연구실의 실장은 최순필 박사였는데 내가 발령받았을 당시에는 서울에서 아직 내려오지 않은 상태였다. 연구실 내에 부식그룹을 책임지는 김우철 박사가 실장 업무를 하고 계셨다. 이런 인연으로 내가 직장에서 처음으로 모시고 연구하게 된 분이 김우철 박사인데 이분은 30년 이상 부식과 수화학 연구를 해오신 이 분야의 전문가이며 현재는 퇴직을 하셔서 더 이상 연구 활동은 하지 않고 계신다.

김 박사가 나에게 준 첫 연구테마는 핵연료 피복관 재료로 사용되는 지르코늄 합금의 미세조직을 관찰하는 것이었다. 당시 우리 연구소는 중수로핵연료 국산화 사업을 성공적으로 마무리하고 있었으며 다음 사업으로 경수로핵연료 국산화 사업을 추진하고 있는 상태였다. 핵연료에서는 피복관이 가장 중요한 부품이므로 핵재료 연구 그룹에서 피복관에 대한 연구를 막 시작하던 시점이었다. 따라서 같은 그룹 내에서 기존의 연구원들에게는 니켈합금의 부식연구를 계속하게 하고 신입소원인 나에게는 지르코늄 합금에 대한 연구를 맡기게 된 것이다.

이렇게 나는 처음으로 지르코늄을 만나게 되었고 이때의 인연으로 30년 이상을 지르코늄만을 연구하여 하나 피복관 개발을 성공시키게 되었다.

▶▶▶ 지르코늄을 아는 사람이 없다

지르코늄에 대해 학교에서 배운 적도, 옆에서 이야기하는 것도 들어본 적이 없었다. 지르코늄에 대해서는 문외한이었다. 주변의 선후배에게 물어보아도 특수 소재인 지르코늄 재료에 대해 아는 사람이 없었다. 연구를 새로 시작하려니 자료도 충분하지 않고 이 분야를 연구한 선배들도 없어서 연구 초기에는 많은 어려움을 겪었다.

한 예로 지르코늄 합금의 미세조직을 관찰해야 하는데 학교에서 배운 방법으로 아무리 시도해도 조직이 보이지 않았다. 문헌에 나와 있는 방법을 이리저리 뒤져서 시도를 해봐도 미세조직이 관찰되지 않았다. 나는 우리 연구소의 현미경 성능이 떨어져서 조직관찰이 어렵다고 판단해 표준연구소를 비롯한 타 기관의 현미경을 찾아서 헤매었다. 몇 달 동안 다른 연구소를 헤매고 나서야 지르코늄 합금은 일반 현미경으로는 조직관찰이 어렵다는 사실을 알게 되었다. 일반적으로 다른 재료들은 결정립계[2]가 불안정구조여서 에칭[3]이라는 시편준비 방법을 사용한다. 그렇게 하면 결정립계가 먼저 부식이 잘 되어 현미경으로 관찰해도 미세조직이 잘 관찰된다. 그러나 지르코늄이란 재료는 이런 방법

---

2) 결정립계: 대부분의 금속은 무수히 많은 크고 작은 결정들이 모여 무질서한 집합체를 이루는데, 이와 같은 결정의 집합체를 다결정체(poly crystal)라 하고, 이와 같이 결정체를 이루고 있는 각 결정 입자의 경계를 결정립계(grain boundary) 또는 입계(boundary)라 한다. [출처] 결정 입자(grain)와 결정립계(grain boundary) 작성자 Mechanical Engineer

3) 에칭: 금속 또는 비금속표면을 화학적, 전기화학적으로 부식하는 방법

으로는 관찰되지 않는다. 편광기능을 이용하여 결정립 간의 방위 차를 이용해서 미세조직을 관찰해야 한다. 주변에 이런 현상을 알고 있는 선배만 있어도 하루 정도면 알 수 있는 문제를 6개월이 걸려서야 해결할 수 있었다.

첫 직장에서 만난 지르코늄은 이렇게 나를 골탕 먹이며 좋은 인상을 남기지 못했지만 이 녀석이 30년 후에는 나에게 매우 큰 영광과 보람을 안겨주었다. 악연으로 시작해 운명적 관계를 지속하고 있다고 말할 수 있다.

당시에는 연구 장비도 없고 연구비도 적어 제대로 된 연구를 할 수 있는 상황이 아니었다. 단지 외국에서 발행한 논문을 열심히 읽으며 외국의 연구현황을 파악하여 기술현황보고서를 작성하는 것이 주 업무였다. 실험 역시 실험실 형편에 맞는 테마를 선정해 외국논문을 답습해 시험을 해 보는 수준이었다. 연구비가 충분하고 연구 인프라가 잘 갖추어져 있었다 하더라도 지르코늄에 대한 기본적인 이해와 경험이 부족해 우수한 연구실적을 내는 것은 아마도 불가능했을 것이다.

내가 처음으로 실험을 통해서 연구한 테마가 지르코늄 합금의 재결정 [4]에 관한 연구였다. 재결정은 대학원 과정에서 배운 연구 분야이므로

---

4) 재결정: 온도가 낮은 데서 가공한 금속 등을 가열하면 가공 시에 가해진 비틀림이 없어지고 결정이 다시 성장하는 현상

쉽게 접근할 수 있었다. 그러나 실험장비가 전무한 상태여서 주로 타 기관의 장비를 활용해 연구를 수행해야 하는 어려움이 있었다. 그래도 여기서 어렵게 얻은 자료를 정리하여 연구소 생활 처음으로 원자력학회지에 논문을 투고하였다.

▶▶▶ 특이한 과학자, 임갑순 박사를 만나다

원자력연구소는 1986년부터 독일의 Siemens-KWU와 손을 잡고 경수로핵연료 국산화 사업을 본격적으로 시작했다. 이 무렵 핵연료재료연구실이라는 새로운 조직이 생기고 임갑순 박사가 실장을 맡았다. 임실장은 유치 과학자로 초빙된 분으로서 학구열이 대단했고, 매우 특이한 이력과 취미를 가지고 계셨다. 임 박사가 취득한 학위를 보면 석사 2개, 박사 2개이고 원자력연구소를 퇴직한 후에도 다시 신학대학을 나와 목사가 되셨으니 평생 공부를 하셨다고 해도 과언이 아니다. 임 박사는 원자력공학을 전공한 분으로서 국내에서 석·박사를 마치고 연구소에서 근무를 하다가 미국에서 다시 석·박사를 마친 후 40대 중반에서야 연구소로 돌아오신 매우 특이한 케이스의 과학자이시다.

임 박사는 연구에 대한 열의가 강하고 솔선수범하시는 분으로서 매일 밤늦게까지, 그리고 주말에도 연구실에서 생활하셨다. 그래서 개인적으로 많이 존경했던 분이다. 그분은 연구에도 열정이 대단하셨지만 개인적인 취미도 특이하셨다. 연구소 생활에 스트레스를 받으면 가끔 계룡산에 들어가서 도인들을 만나며 혼자 시간을 보내고 오시곤 했다. 또한 성명풀이의 대가이기도 한데 사람들을 만나면 항상 한자 성명을 먼저 물어보신다. 한자 성명을 통해 사람의 운명을 읽는데 매번 좋은 이야기만 해주실 뿐, 나쁜 이야기는 혼자만 간직하시는 것 같았다.

성명풀이에 대한 하나의 에피소드가 있다. 나에게는 아들만 둘 있는데 어느 날 임 박사가 아들 이름이 뭐냐고 물어보셨다. 이름을 알려드렸더니 큰아들은 좋은데 작은아들은 놀기 좋아하는 이름이라고 하신다. 그렇지 않아도 초등학교에 다니는 두 아들 중 작은아들이 노는 것을 좋아해서 고민하고 있던 중에 그런 이야기를 들으니 신경이 쓰였다. 집에 와서 아내에게 이야기하니 둘째 아들의 이름을 바꾸자고 했다. 당시에는 이름을 바꾸는 것이 매우 어려웠지만 부르기 어색한 이름을 법원에 갈 필요도 없이 학교에 서류 제출을 하는 것만으로 바꿀 수 있는 기회가 한시적으로 있었다. 이름을 바꾸기로 하고 다시 임 박사께 좋은 이름을 지어달라고 부탁했다. 그러자 이름을 당신이 직접 지을 수는 없으니 몇 개를 가져오라고 하셨다. 몇 개 이름을 지어서 가니 그중에서 좋은 이름을 하나 선정해 주셨다.

둘째 아들의 이름이 이렇게 바뀌게 되었는데 믿거나 말거나 간에 둘째가 날이 갈수록 공부를 열심히 하더니 지금은 정형외과 의사로 활동하고 있다. 임 박사께 이름 턱을 내야하는데 아쉽게도 지금은 한국에 안 계셔서 만날 수가 없다. IMF시절 연구소에서 명예퇴직을 하신 후 다시 미국으로 돌아가셨고 그 후 신학대학 졸업 후 현재는 목사로 활동하고 계신다는 소문만 들었다.

▶▶▶ 지르코늄 박사가 되다

연구소에 처음 들어왔을 때 카이스트(KAIST)에서 석사과정을 마치고 입소한 동료들이 많았다. 이들은 연구소에서 3년간 근무하며 군 복무를 면제받는 아주 특별한 혜택을 받았다. 3년 동안 연구소에 근무하면서 유학 준비를 해 3년 후에는 미국으로 유학을 떠나는 것이 하나의 트렌드였다. 주변 동료들이 유학을 떠나기 시작하자 나도 박사학위에 대해 심각하게 고민하게 되었다. 연구소에 계속 근무하려면 박사학위는 반드시 필요했고, 좀 더 심도 있는 연구를 위해서라도 공부를 더 해야만 했다.

박사학위를 위해 유학을 갈 것인가 아니면 연구소에 근무하면서 국내 대학에서 학위를 받을 것인가에 대한 고민이 생겼다. 오랜 시간을 고민했다. 결국 아내와 상의한 끝에 유학을 가기에는 경제적으로 어려움이 있으므로 국내에서 박사 학위를 받기로 결정했다. 당시는 외국에서 박사학위를 받으면 대부분 유치과학자의 대우를 받고 연구소에 들어

오던 시절이었다. 국내 박사는 많지 않았다. 연구원 대부분은 석사만 마치고 연구소에 들어오기 때문에 연구소 생활을 하면서 박사과정을 밟는 사람들이 매우 많던 시절이었다.

1987년 나는 석사 지도교수인 연세대 재료공학과 최종술 교수를 찾아가 박사과정을 밟겠노라고 말씀드렸다. 이때부터 수업을 듣기 위해 1주일에 한 번씩 대전과 서울을 왕복하면서 직장생활과 학생생활을 병행하는 이중생활을 해야 했다.

연구소 업무와 학교 수업을 동시에 한다는 것은 쉽지 않았다. 학과 과정을 이수해야 하는 2년간은 연구소에서 밤새우는 날이 더 많았다. 낮에는 연구소에서 업무를 하고 밤에는 학교 공부를 하다 보니 매일 밤 10시가 퇴근 시간이었다. 자가용도 없던 시절 6시 퇴근버스를 놓치면 8시와 10시에 연구소에서 운행하는 특근버스를 타야 하는데 10시 버스는 항상 타는 사람이 3-4명 정도여서 미니버스로 배치되었고 유성까지만 운행했다. 시내에 집이 있던 나는 항상 유성에서 시내버스를 갈아타고 집으로 가는데 집에 도착하면 거의 11시가 되었다. 그러다 보니 길에서 보내는 시간이 많아 아까운 생각이 들었다. 그래서 생각해 낸 것이 집에는 일주일에 한 번씩만 가고 실험실에서 잠을 자는 방법이었다. 아내가 열심히 공부하는 나의 열정을 이해해 주었기에 가능했다.

2년간의 학교 수업을 끝내고 본격적으로 학위를 위한 연구에 착수했다. 박사학위 테마는 연구소에서 수행하는 연구 내용과 일치하는 테마를 잡아야 하므로 지르코늄의 부식 기구에 대해서 집중적으로 연구했다. 재료의 상변태 연구가 전공인 지도교수의 지도를 받아 '지르칼로이의 부식과 상변태 연구'라는 제목으로 4년 만인 1991년에 박사학위를 받았다.

연구 결과는 매우 우수해서 난생처음으로 해외 SCI급 학회지에 2편의 논문을 게재했다. 지금은 SCI급 논문이 기본 요건이지만 당시만 해도 SCI급 논문을 게재했다는 사실 자체가 나에게는 매우 흥분되었고, 자신감을 불러일으킨 계기가 되었다.
그때만 해도 국내에는 지르코늄 합금에 대해 연구한 분들이 거의 없어 내가 국내에서 지르코늄으로 박사학위를 받은 2~3번째 사례가 되지 않을까 생각한다. 박사학위를 받으며 나는 본격적으로 지르코늄 연구 분야에 발을 디디게 되고 운 좋게도 30년 이상 지르코늄만을 연구하는 행운을 얻게 되었다.

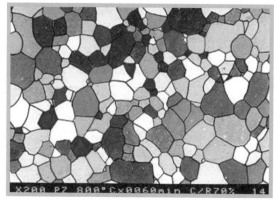

지르코늄의 미세조직

당시 IAEA(국제원자력기구)에서는 장학생을 선발하여 원전 선진국에 파견하는 제도가 있었다. 나는 운 좋게 IAEA 장학생으로 선발되어 1991년 독일 Siemens-KWU로 1년 6개월 동안 파견을 나가게 되었다.

03
Chapter

독일에서 키운
신소재 개발의 꿈

독일에서 키운 신소재 개발의 꿈

▶ ▶ ▶ 기초연구나 하다 돌아가시오

우리나라는 이제 원자력 선진국이다. 지금은 개발도상국가로부터 장학생을 받아 교육을 시키고 지원하는 입장이지만 당시만 해도 우리나라는 개발도상국으로서 선진기술을 배워야 하는 입장이었다. 당시 IAEA(국제원자력기구)에서는 장학생을 선발하여 원전 선진국에 파견하는 제도가 있었다. 나는 운 좋게 IAEA 장학생으로 선발되어 1991년 독일 SIEMENS-KWU로 1년 6개월 동안 파견을 나가게 되었다.

다행히 나는 실험을 주로 하는 지르코늄 연구팀에 배치되어 독일 과학자들과 함께 연구할 수 있는 기회를 가졌다. Hahn 박사가 나의 파트너였는데 이 분은 매우 점잖은 분이지만 적극적인 과학자는 아니었다.

그들과 같은 사무실을 썼지만 2주일이 지나도록 내가 연구할 주제나 연구 내용에 대한 이야기를 해주지 않았다. 할 수 없이 Hahn 박사에게 내가 무슨 연구를 하면 되느냐고 물었더니 내가 하고 싶은 연구 테마가 있으면 이야기해 보란다. 나는 그들의 연구 테마에 무엇이 있는지 잘 모르니 소개해 달라고 요청했다. 여러 가지 연구 주제를 소개해 주는데 그중에서 급격히 관심이 가는 테마가 눈에 띄었다. 신소재 개발 프로젝트였다. 그들이 진행하고 있는 신소재 개발 프로젝트에 참여하고 싶다고 했더니 그것은 어려울 것 같다며 일단 보스에게 물어보겠다고 했다.

다시 자리로 돌아온 Hahn 박사는 이런 최첨단의 신소재 개발 프로젝트에 나는 참여할 수 없으며 보스가 기초연구나 하다가 돌아갈 것을 권했다고 전했다. 자존심이 상하고 화도 났지만 기술이 없는 우리 입장에서는 참을 수밖에 없는 현실이었고 그것은 오히려 나의 연구 열정에 불을 붙였다.

Hahn 박사는 현재 원자력발전소에서 피복관의 부식 문제가 현안이니 피복관 부식에 대한 연구를 하는 것이 어떠냐고 제안했다. 어차피 IAEA 장학생으로 배우러 왔기 때문에 파트너인 Hahn 박사가 짜주는 연구내용, 시험 조건에 따라서 시키는 대로 열심히 연구하기로 결심했다.

그런데 입장을 바꿔 놓고 생각하면 그들 입장에서 나는 그리 달가운 존재가 아니었다. 본인들 업무도 바쁜데 아무것도 모르는 나에게 새로운 실험 장치에 대해 하나부터 가르쳐야 하고 질문이 많은 내게 일일이 대답해 주어야 하니 쉬운 일은 아니었을 것이다. 그렇지만 그들과 어울리며 심도 있는 논의를 하면서 나는 하나씩 하나씩 배워 나갔다. 그들보다 월등히 많은 근로시간, 그리고 하나라도 더 배워가야 한다는 열망에 힘입어 나는 그들이 세워준 1년 치 연구 업무를 6개월 만에 끝내 버렸다. 그리고 다시 신소재 관련 연구 테마를 추가로 달라고 요청했지만 역시 돌아오는 대답은 "No"였다.

시간이 지나면서 열심히 연구하는 내가 쓸 만하다고 판단했는지 점차 내 연구의 폭을 넓혀 주었다. 내 연구에 그들이 개발하고 있는 신소재 시험편을 추가하여 시험하는 정도는 허락했다. 그러나 그저 단순 실험 자료만 요구할 뿐 연구배경이나 관련자료 등에 대해서는 전혀 알려 주지 않았다. 그들에게 필요한 것은 단지 나의 노동력이었다. 신소재 관련 기술에 대해서는 알려주지 않겠다는 정책을 확실히 드러내고 있었다. 그들이 장벽을 치면 칠수록 호기심은 강해졌고, 어떻게 해서라도 신기술을 배우고야 말겠다는 오기가 가슴 속에서 점점 불타올랐다.

한국에서 밤늦게까지 일하는 데 익숙해져 있던 나는 한 가지라도 더 배워 가야 한다는 욕심 때문에 매일 늦게까지 남아서 연구에 열중하게 되었다. 독일 연구원들은 대부분 오후 3시, 늦어도 4시면 모두 퇴근을 한다. 그러니 매일 혼자 사무실을 지키게 되는 것이다. 이런 과정에서 사무실 책장에 꽂혀 있는 많은 자료들을 자연스럽게 접할 수 있는 기회가 생겼다. 자료를 접하면 접할수록, 연구의 진도가 나가면 나갈수록 신소재 개발에 대한 매력에 빠지게 되었다.

우리나라가 지금은 외국기술을 습득하기에도 바빠 첨단기술인 신소재 개발 연구에 신경을 쓸 겨를이 없지만 언젠가는 기술자립을 위해 소재 개발 연구를 해야 한다는 것이 당시 나의 생각이었다. 그런 날을 위해서 철저히 준비를 해야 하며 언젠가는 내 손으로 한국 고유의 지르코늄 신소재 개발을 성공시키겠다고 마음속으로 다짐했다.

▶ ▶ ▶독일의 프로정신과 장인정신을 배우다

독일은 맥주의 나라답게 국민들이 정말로 맥주를 좋아한다. 우리나라 건물들에 커피자판기가 있듯 내가 있던 건물에는 층마다 맥주자판기가 있었다. 우리나라에서는 근무 중에 맥주를 마시면 복무감사에 걸릴 사항이지만 이들에게 맥주는 음료수로 분류되는 것 같았다. 늦은 오후 실험실에서 실험을 하다 보면 가끔 모든 실원들이 실험실 한구석의 테이블로 모인다. 여기에는 항상 맥주가 박스로 구비되어 있고 간단히 소시지를 구워 먹을 수 있는 주방이 있다. 생일이거나 개인적으로 축하할 일이 생기면 이렇게 모여서 축하 파티를 해주었다.

우리나라는 직장 회식도 외부 식당에서 하고 축하할 일도 저녁 식사를 하면서 해 주는 문화지만 독일 사람들은 일과 후 항상 사무실에서 축하파티를 해준다. 이런 파티가 있으면 나는 늘 초대를 받아서 함께 축하해 주었는데, 내가 술을 못 마시는 것을 알고는 언제부터인가 무알콜 맥주를 한 박스 준비해 주었다. 그러면서 한국으로 돌아가기 전에 다 먹고 가라고 한다. 그들의 배려에 나는 일을 떠나 점차 독일 사람들과 개인적인 친분을 쌓아가게 되었다.

내가 머무르는 동안 한 번도 밖에서 회식하는 것을 보지 못했다. 그들은 공과 사를 분명히 구분했다. 근무시간 이후의 시간은 철저히 개인

▶ 위험한 과학자, 행복한 과학자 – 03장 독일에서 키운 신소재 개발의 꿈

활동과 가족을 위해서 사용한다. 우리 시각으로 보면 너무 개인주의라서 인간미가 떨어진다고 할 수도 있을 것이다.

그렇다고 모두가 그런 것은 아니었다. 내 파트너인 Hahn 박사는 매우 착하고 행동이 신사적인 사람이었지만 맥주를 매우 좋아하고 담배를 많이 피웠다. 4시만 되면 책상을 정리하고 맥주가 있는 장소로 갔다. 그곳에서 항상 일을 끝낸 몇 명과 어울리며 이야기도 나누고 맥주도 마시면서 하루를 정리했다. 많은 사람들은 일과 후에 집으로 바로 가지만 마음에 맞는 사람들이 모여서 이런 식으로 친분을 쌓아가는 모습은 매우 건전하고 생산적이라는 생각이 들었다. 그런 모습이 선진국 문화라고 생각했는데 지금 우리나라도 점차 이런 문화로 변화되고 있는 것을 본다. 너무 많은 저녁 회식, 1·2·3차로 이어지는 밤 문화가 점차 변화되어 요즈음은 젊은 사람들이 저녁 회식을 싫어하는 것을 느낄 수 있다. 금요일 저녁엔 회식에 참석하겠다는 사람이 거의 없을 정도다. 최근에는 저녁을 먹고 나면 2차 가자는 사람을 거의 볼 수가 없으니 우리나라도 많이 변하긴 변했다.

독일 사람들과 근무하면서 배운 중요한 한 가지는 그들의 근무 효율성과 근무 자세였다. 그들은 철저히 7시간 근무를 지킨다. 그때 당시 우리나라는 특근하는 사람들이 많아서 전체 근무시간이 독일보다 훨씬 많았다. 현재도 우리나라는 8시간의 근무시간을 유지하고 있으니 우리가 독일보다 더 많은 연구를 할 것으로 생각되지만 연구 효율성 측면에서 보면 독일을 따라갈 수가 없다.

독일에서 점심시간은 한 시간을 갖지 않는다. 도시락을 싸오는 사람은 20분, 식당에서 식사를 하면 30분 정도로 점심시간을 조절해서 가질 수 있다. 그리고 7시간의 업무시간을 지키는데 내가 놀란 것은 7시간 내에는 절대 개인적인 시간이 포함되지 않는다는 것이다. 개인적인 전화를 하거나 은행 업무를 보지 않는다. 개인적 운동도 하지 않는다. 신문을 본다거나 동료들과의 잡담도 없이 오직 연구에만 시간을 투자한다. 함께하는 회의도 가급적 줄인다. 부득이하게 개인적인 시간을 쓰게 될 경우에는 본인이 알아서 그만큼 근무를 더하여 보충한다. 이러한 근무 자세는 누가 감독해서가 아니라 스스로 계획하고 실행에 옮기는 시스템이다.

나와 사무실을 같이 사용했던 사람들은 퇴근 전에 반드시 Time Sheet를 작성하는데 아주 양심적으로 작성했다. 이러한 환경에 익숙하지 않았던 나는 처음에는 숨이 막힐 것 같이 힘들었지만 점차 익숙해져 갔다. 그들을 보면서 우리의 근무 태도와 자연스럽게 비교하며 반성도 하게 되었다.

직장에 따라 다르겠지만 연구 분야에서는 근무시간이 많다고 반드시 효율적인 것이 아니다. 주어진 시간을 효율적으로 사용하는 방법과 자세가 중요하다. 이러한 문화는 누가 시키거나 감독해서 되는 것이 아니다. 우리 스스로 문화를 바꾸려고 노력하고 스스로 도덕적인 기준을 높여가야 한다. 이러한 문화야말로 독일이 기술 강국으로 성장한 바탕이 아닐까 생각한다.

더불어 독일의 장인정신 역시 국가 기술 발전에 크게 기여했다고 생각된다. 독일의 장인정신은 초등학교 교육부터 시작된다. 당시 아들이 초등학교에 다니고 있어서 교육 시스템에 대해 물어볼 기회가 있었다. 독일은 초등학교 4학년을 마치면 중등과정에 진학하는데 중등과정이 매우 복잡하다. 인문계나 실업계 고등학교를 갈 수도 있고 두 가지를 겸한 종합학교에도 갈 수 있다. 여기서 중요한 것은 인문계냐 실업계냐를 결정하는 권한이 초등학교 과정을 지켜본 선생님에게 있다는 점이다. 초등학교 선생님이 학생의 성적과 적성을 파악하여 인문고냐 실업고냐를 결정한다고 한다. 그런데 더욱 놀라운 것은 이런 결정에 대해 어떤 학부모도 이의를 제기하지 않는다는 사실이다. 선생님의 판단을 존중하기 때문이며 실업고를 가더라도 자식의 미래를 개척하데 아무 지장이 없다고 생각하기 때문이다.

독일에서는 마이스터가 사회적으로 존경과 대우를 받기 때문에 모두 대학을 가지 않아도 된다. 실제 연구소에도 연구원의 업무와 기능원의 업무가 매우 뚜렷하게 구분이 되어 있다. 연구원들은 실험계획을 세우고 결과를 해석하고 논문을 작성하는 업무를 주로 할 뿐 실험실에서 직접 실험하는 것을 한 번도 볼 수가 없다. 모든 실험은 기능원들이 맡아서 하며, 나이가 많은 기능원들을 포함한 모든 기능원들의 기술이 능수능란해 매우 우수한 시험 결과를 적시에 생산해 준다. 이렇게 연구원과 기능원이 환상의 콤비를 이루어 연구를 함으로써 연구효율성이 매우 높아지는 것이다. 내가 수행한 실험에서도 대부분의 실험은 독일 기능원이 맡아서 해 주었는데 항상 즐겁게 자긍심을 갖고 일하는 모습을 보고 부러운 마음이 들었다.

우리 연구원에도 한때는 많은 기능원들이 연구 업무를 보조하는 역할을 한적이 있었으나 기능원 활용에 대한 단점이 많이 부각되면서 수가 많이 줄었다. 그리고 이제는 더 이상 젊은 기능원을 찾아보기 어렵게 되었다. 장인이 대우받는 사회, 장인들이 본연의 역할을 잘 해 주어서 연구원과 장인이 환상의 콤비를 이루는 사회가 되어 세계 최고의 기술 강국으로 발전하길 희망한다.

▶ ▶ ▶ 40명의 저녁 식사를 한 시간 만에 준비하기

독일에 근무하는 동안 가능한 한 독일 사람들과 많은 시간을 같이하려고 했다. 일과 후에 체육관으로 따라가서 같이 운동과 샤워를 하는가

하면 축구시합에도 따라가 응원을 해 주는 등 친해지기 위한 노력을 게을리하지 않았다. 그들과 친하게 지내려다 문화 차이로 우리 가족을 모두 고생시킨 에피소드가 떠올라 소개하고자 한다.

어느 날 부서 내에서 주말에 떠나는 2박 3일 가족 캠핑을 제안 받았다. 가족캠핑에는 10여 가족이 참가했다. 독일의 문화를 접할 수 있는 좋은 기회라 생각하여 참여하겠다고 약속한 후 무엇을 준비해야 할지를 물어보았다. 통돼지 바비큐가 메인요리인데 모두 자기들이 준비해 가니 나는 '코리안 수프(Korean Soup)'만 준비하면 된단다.

집에 돌아와 아내와 상의하니 뚜렷하게 떠오르는 한국의 대표적인 수프(Soup)가 생각나지 않았다. 며칠을 고민하다가 한국의 맛이라면 매운맛이라 생각하고 해물탕을 준비하기로 결정했다. 독일 마켓에서 해물탕 재료를 구하는데 신선한 해물을 구하기 어려웠다. 할 수 없이 냉동낙지와 새우 등을 구입해 고추장으로 맛을 내는 코리안 수프를 준비하기로 했다.

캠핑기간이 2박 3일이므로 우리 가족이 먹을 음식은 별도로 준비했는데 불고기, 김, 잡채 등 몇 가지를 추가로 준비해서 약속된 장소로 찾아갔다. 2시간을 운전해서 가니 이미 많은 독일 사람들이 가족들과 도착해 있었다. 캠핑장이 산속에 있어서 경치는 매우 좋았지만 숙소는 옛날의 군대 막사를 개조한 것이어서 모든 참가자들이 한 개의 커다란 막사에서 자야 했다.

독일 친구들은 벌써 도착해 돼지 바비큐를 준비하고 있었다. 통돼지 안에 여러 가지 양념을 채우고 겉에는 올리브오일을 발라 철사로 묶은 뒤 꼬챙이를 꽂아 지지대에 올려놓고 불만 피우기를 기다리고 있었다. 그들의 솜씨는 여러 번 해본 솜씨로 능수능란했다. 바비큐를 오늘 저녁에 먹느냐고 물어보니 이것은 저녁 먹고 굽기 시작해 내일 저녁에 먹을 것이란다. 그러면서 코리안 수프를 준비하는 것을 도와주겠다며 주방으로 안내하여 그릇이며 칼이 어디에 있는지를 친절하게 안내해 주었다. 아내와 나는 주방에서 매운탕 준비를 열심히 하는데 독일 아주머니들이 수시로 들어와서 도와줄 것이 없느냐고 물어보았다.

그런데 가만 보니 아무도 음식을 준비하는 사람이 없었다. 도와주겠다며 와서 구경만 했다. 이상한 낌새를 눈치채고 친한 동료에게 왜 다른 사람들은 음식 준비를 안 하느냐고 물어보니 오늘 저녁은 모두 코리안 수프를 먹는 것으로 기대하고 있단다.

아뿔싸! 여기서 소통이 잘못되었다는 것을 깨달았다. 한국 사람에게 수프는 메인요리가 아니라 하나의 반찬인데 독일 사람들은 반찬 개념이 없으므로 수프 자체를 메인 요리로 생각한 것이다. 나는 각자가 음

독일 동료들과 함께한 캠핑장에서

식 한 가지씩을 준비해서 같이 요리를 한 후 나누어 먹는 것으로 생각했다. 수프를 준비하라니 당연히 그렇게 생각할 수 있는 것 아닌가? 아무튼 약 40명의 저녁을 우리가 책임져야 한다는 사실을 늦게야 깨달았다. 이를 알게 된 아내는 얼굴이 새하얗게 변했다. 어떻게 40명의 저녁을 책임진단 말인가? 말도 안 되는 소리지만 40명을 먹여야 했다.

아내는 침착하게 나에게 하나씩 하나씩 지시를 내렸다. 일단 우리 가족이 2박 3일 먹으려고 가져온 모든 음식 재료를 가지고 오란다. 가져온 쌀을 모두 꺼내서 먼저 밥을 했다. 그리고 준비해 온 매운탕 재료로 매운탕을 만드는데 많은 사람들이 먹으려면 양이 많아야 하므로 물을 넉넉히 넣어서 준비했다. 그러고 나니 오히려 순한 매운탕이 되어서 독일 사람들이 먹기에는 더 좋은 요리로 변했다. 우리가 먹으려고 했던 불고기도 모두 꺼내 맛있게 준비하고 잡채도 만들었다.

마치 전쟁 같은 요리 과정을 거쳐 아내는 40명분의 음식을 한 시간 만에 준비해 저녁을 해결하게 되었다. 그래도 그들이 처음 맛보는 한국 음식을 매우 맛있게 먹어주어서 그나마 요리하느라 고생한 아내에게 조금이나마 위안이 된 듯했다. 서로의 문화 차이에서 오는 착오로 우리는 호된 캠핑을 경험했는데 아내는 그때 거의 초죽음 상태가 되어 저녁도 먹지 못하고 잠자리에 든 것 같다. 저녁을 먹고 바비큐를 굽기 시작하는데 모든 사람들이 바비큐 주위로 모여들었다. 이야기도 나누고 맥주도 즐기면서 즐거운 시간을 보냈다. 그들은 바비큐를 먹는 것도 중요하지만 바비큐를 준비하는 과정을 더 즐기는 것 같았다. 결과도 중요하지만 과정을 즐기는 문화, 과정에서 함께하는 문화를 배우게 되었다.

난처한 일은 다음 날 아침에도 계속되었다. 가져온 모든 음식재료를 어제 소진했기에 남아 있는 것이 하나도 없었다. 모두들 자기가 가지고 온 빵, 소시지, 치즈 등을 내어놓고 가족들이 삼삼오오 모여 아침식사를 하는데 우리만 먹을 것이 없는 것이다. 아이들은 배가 고프다고 보챘다. 그런데 지금도 이해가 안 되는 것은 아무도 같이 먹자는 사람이 없었다는 사실이다. 이 사람들은 아마 우리가 준비해 온 아침식사가 별도로 있을 것으로 생각한 것 같았다.

같이 먹자고 누가 불러 주기를 방에서 한참을 기다리다가 특단의 조치를 내렸다. 캠핑장 주변 식당을 찾아서라도 아이들의 배고픔을 해결해 주어야겠다고 생각하고 주변 식당에 대해 물어보니 1시간 이상을 차를 타고 가야 한단다. 어쩔 수 없이 우리는 차를 몰고 시내까지 가서 아침을 해결했다. 그런데 다시 캠핑장으로 돌아간다고 해도 우리에겐 점심으로 먹을 것이 없었다. 결국 시내에서 점심까지 해결한 후에야 저녁나절에 캠핑장으로 돌아갈 수 있었다. 캠핑장으로 오니 바비큐가 잘 준비되어 있어 그들과 맛있는 저녁 식사를 하면서 환담을 나누었다.

가만히 생각해보면 바비큐 한 번 먹기 위해서 우리 가족이 치른 고생이 너무 컸다. 문화 차이로 호된 대가를 치르기는 했지만 그런 과정을 거치면서 나는 현지 사람들과 더욱 친밀한 사이를 유지할 수 있었고 그런 관계는 나의 연구에도 많은 도움이 되었다.

DOCUMENT
for
Mrs. Jeong

She is the best cook to create corean meals!
Congratulations and many thanks
from the

"Leberkäs-Team"

Erlangen, November 27th, 1992

독일 동료들이 아내에게 준 감사장

학교교육에서 교과서에 충실한 방법보다는 창의력을 키우는
교육, 엉뚱한 시도와 실패를 용인하는 교육이 필요하고,
사회에서도 이런 것들을 받아들이는 문화가 형성되어야 한다.
그래야 사회도 과학도 발전할 수 있다.

04
Chapter

기회는 준비된
자에게 온다

기회는 준비된
자에게 온다

▶▶▶먼저 기술의 뿌리를 철저히 파헤쳐라

신기술을 개발하기 위해서 대부분의 사람들은 최신 기술의 트렌드 파악에 집중한다. 최신기술의 동향을 정확히 파악해 현재 선두를 달리는 1등 기술을 집중 공략하기 위한 전략을 세우기 위함이다. 이런 접근 방법은 대부분의 경우에는 맞을 수 있다. 그러나 연구를 통해 이 세상에 없는 새로운 무언가를 개발하는 일에는 맞지 않는 경우가 많다. 새로운 것을 만들어내는 일은 결코 호락호락하지 않다.

연구개발은 절대로 우리가 계획한 대로 되지 않는다. 수행과정에서 수많은 난관과 시행착오를 겪으며 성공하기도 하지만 실패하는 경우가 더 많다. 최근의 기술 트렌드만 보고 접근하다가는 예상치 않은 난관에 봉착했을 때 해결해 나가는 방법을 찾지 못하고 헤매게 된다. 그러나 기술의 뿌리를 정확히 파악하고 있다면 그동안 진행되어 온 기술의 장단점을 정확히 알고 있기 때문에 어떤 난관이 닥치더라도 해결하는 방법을 찾을 수 있게 된다. 따라서 성공하려면 본인이 개발하려는 분야의 역사를 철저히 파헤친 후에 신기술 개발에 착수하길 권장한다.

신소재 개발에 착수하기 전 지르코늄 개발 역사를 파헤쳤던 나의 경험을 소개하고자 한다. 약 60년 역사를 가진 지르코늄의 개발 배경, 개발 과정, 실패 경험, 그리고 현재 사용되는 제품의 장단점을 철저히 분석하는 것이 연구의 시작이었다.

지르코늄 소재로 만들어지는 핵연료피복관은 우라늄을 담는 튜브 형태의 부품으로서 우라늄이 내부에서 안전하게 핵분열 반응을 일으키도록 도와주는 역할을 하는 원자로의 핵심부품이다. 지르코늄은 중성자에 강한 장점 때문에 원자로의 핵심재료로 선정됐는데 선정 과정에서 아이러니하게도 과학자가 아닌 해군제독이 최종 선정을 한 것으로 역사에는 기록되어 있다. 당시 원자력 추진 잠수함 프로젝트 책임자가 해군 제독 H.G. Rickover였는데 이 사람이 지르코늄을 처음으로 피복관 재료로 결정했다고 하니 과학자의 한 사람으로서 씁쓸한 생각이 든다.

1948년 미국 원자력위원회와 해군은 잠수함용 원자로 개발 프로젝트에 착수했다. 맨 처음 개발한 원자로는 Mark I으로, 이것은 가압경수로5)를 잠수함에 설치 가능한지를 입증하기 위해서 아이다호의 지상에 세운 원형로였다. 두 번째 원자로는 Mark II이며 세계 최초의 원자력 추진 잠수함인 Nautilus에 설치한 경수로형 원자로였다. Mark I은 1953년 3월 최초로 임계에 도달했고 6월부터 정상 가동하게 되었다. 여기에 사용된 최초의 지르코늄은 내식성 등의 여러 가지 성능이 좋지 않은 특성을 보였다. 그래서 당시 연구원들은 새로운 소재를 개발하게 되는데 이것이 지르칼로이-1이라는 소재이다.

지르칼로이-1은 최초로 건설되는 Nautilus 잠수함 원자로에 사용하기로 결정된다. 이후 좀 더 연구가 진행되자 이 재료 역시 장시간 사용하면 내식성이 매우 나쁜 것으로 나타났다. 연구원들은 부랴부랴 내식성이 우수한 다른 재료를 개발하려고 무한한 노력을 기울였지만 그것이 마음처럼 잘 되지 않았다. 연구원들은 고민에 빠져서 많은 시간을 흘려보냈고, 연구는 거의 중단 위기에 봉착했다.

그러던 중 아주 우연한 기회에 기적적인 사건이 일어났다. Bettis 연구소의 연구실에서 용해 작업을 담당하던 기능공이 호기심에 지르코늄에 스테인리스를 소량 넣어 새로운 소재를 만들어 내는 일이 발생했다. 의도되지 않은 순수한 호기심에서 기능공이 시도한 일이지만 샘플

---

5) 가압경수로(Pressurized Water Reactor): 냉각재에 150기압 정도의 압력을 가해서 고온에서도 액체 상태를 유지하도록 하며, 냉각재가 원자로를 순환하는 1차 계통, 뜨거운 증기로 터빈을 돌려서 전기를 생산하는 2차 계통, 복수기를 순환하는 3차 계통으로 구성되어 있다.

을 만들어 시험을 해보니 성능이 아주 우수한 것으로 나타났다. 스테인리스의 주성분인 철, 니켈, 크롬 성분이 지르코늄에 미량 들어가서 부식저항성을 현저하게 향상시킨 것이다. 이런 우연한 과정을 거쳐서 새롭게 개발된 소재가 지르칼로이-2라는 신소재이다.

지르칼로이-2는 최초의 잠수함인 Nautilus호에 사용되는데 이 소재의 성능이 너무나 우수하여 현재까지도 비등경수로[6]의 피복관 재료로 사용되고 있다. 과학자들은 지르칼로이-2 소재 이후 60년 이상을 더 좋은 소재 개발을 위해 꾸준히 노력해 왔지만 비등경수로 조건에서는 이보다 성능이 더 좋은 소재를 개발하지 못하고 있는 실정이니, 당시 사고를 친 기능공의 업적은 길이길이 빛나고 있는 것이다.

이런 역사를 접하면서 가끔 과학자의 창의력에 대해서 생각해 보게 된다. 우리는 대학에서 전공과목을 몇 년씩 배우고 또 대학원 과정을 거치면서 많은 학문적 지식을 쌓는다. 그런데 신기술, 새로운 발명은 교과서라는 틀에서 생각할 때는 안 되는 것이 너무 많다. 때로는 발상의 전환이 필요하기도 하고 때로는 엉뚱한 아이디어가 대박을 치는 경우도 있다. 그러니 학교교육에서 교과서에 충실한 방법보다는 창의력을 키우는 교육, 엉뚱한 시도와 실패를 용인하는 교육이 필요하고, 사회

---

6) 비등경수로(Boiling Water Reactor): 원자로 내에서 냉각수를 끓여 이 증기로 직접 터빈을 돌려 발전하는 방식

에서도 이런 것들을 받아들이는 문화가 형성되어야 한다. 그래야 사회도 과학도 발전할 수 있다.

지르칼로이-2는 비등경수로 조건에서는 성능이 우수하지만 가압경수로인 잠수함 원자로 조건에서는 좋은 성능을 보여 주지 못했다. 그래서 연구원들은 더 좋은 소재를 개발하려는 연구를 거듭한 끝에 지르칼로이-3을 개발해 냈다. 이 소재는 당시 운전 중이던 지상형 Mark I 원자로의 교체노심 피복관 재료로 사용하기로 결정되었다. 그러나 단기 실험에서는 성능이 좋았지만 장기실험에서 부식저항성이 저하되는 현상이 발생해 결국에 사용도 해보지 못하고 사라지게 되었다.

다음에 개발된 소재가 지르칼로이-4 소재인데 이 소재는 성능이 매우 우수하여 1960년 이래 모든 원자력 잠수함뿐만 아니라 모든 상용 경수로의 소재로 사용되어 왔다. 우리나라에서도 수십 년 동안 이 소재를 사용해 오다 현재는 미국에서 개발한 ZIRLO 소재를 사용하고 있다.

▶▶▶항상 준비하고 때를 기다려라

독일 생활을 마치고 1993년에 귀국하니 연구소의 분위기는 그동안 중점적으로 수행하던 사업성 프로젝트는 줄이고 연구개발 과제를 점차 확대하는 방향으로 변화되어 있었다. 원자력재료와 관련해서도 그간

분산되어 추진하던 여러 과제와 인력을 통합해 대형 프로젝트를 수행하고 있었다.

여러 가지 과제 중에 중수로 압력관 재료에 관한 과제가 수행되고 있었는데, 나는 내 의사와는 상관없이 이 과제의 참여원이 되었다. 과제에 참여하려는 연구원들이 없어 추진에 어려움을 겪었지만 중수로 압력관이 지르코늄 소재라는 유사성 때문에 나는 이 과제에서 열정적으로 새로운 연구를 시작했다.

압력관 역시 재료가 지르코늄 합금으로 핵연료피복관과 같지만 추구하는 목표와 사용 용도는 완전히 다르다. 핵연료피복관은 3−5년 정도 원자로에서 사용되다 방출되는 소모성 재료이고 부식 문제가 현안인 반면, 압력관 재료는 한 번 건설되면 30년 이상 사용되는 구조재료로서 수소 문제 및 장기 사용에 따른 변형 문제가 현안 사항이다. 따라서 연구의 방향도 다르고 접근하는 방식도 달랐다. 비록 내가 하고 싶은 연구 분야는 아니었지만 압력관 재료 연구에 치중했다.

1994년에는 우리 연구소와 캐나다 원자력공사(AECL, Atomic Energy of Canada Limited)와의 공동연구 일환으로 압력관 재료 설계를 위해 캐나다에 5개월간 파견도 갔다. 그러나 이 분야는 내 전공도, 연구 분야도 아닌 설계만 하는 업무여서 그동안의 경험과 연구방향과는 맞지 않다는 것을 점차 깨닫게 되었다. 캐나다 파견은 새로운 분야를 접할 수 있는 좋은 기회였지만 개인적으로 볼 때 거의 도움이 되지 않은 시간이었다. 게다가 가족도 없이 혼자 외국생활을 했던 일은 돌이키고 싶지 않은 기억으로 남아 있다.

국내로 돌아와 다시 내가 잘할 수 있는 연구 분야인 피복관용 지르코늄 신소재 개발과제 준비를 차근차근 해 나갔다. 그동안은 많은 자료를 접하고 경험도 해서 지식은 쌓였지만 과제로 추진하려는 생각을 해본 적이 없었다. 하지만 이제부터는 과제를 추진하기 위한 과제계획서를 작성해야 했다. 대부분 과제를 하려면 추진사업의 공고가 나고 사업의 정책과 방향성을 알고 난 뒤에 과제계획서를 작성하지만 나는 무작정 과제계획서부터 작성하고 때를 기다리기로 했다.

일단 예산과 지원 사업은 고려하지 않은 채 외국에서 추진하는 방향과 유사하게 실험실 연구부터 시작하기로 했다. 실험실 연구를 통한 제품개발을 거쳐 상용원전의 검증까지 완료하는 아주 장기간의 대규모 과제를 기획했다. 그러나 과제 준비를 해 놓고 과제를 제안할 방법을 찾았지만 아무리 기다려도 기회가 오지 않았다. 내가 독일에서 돌아오기 전부터 이미 중장기 대형과제 기획이 완료되어 재료분야에서 6개의 과제가 5년 수행을 목표로 결승전에서 달리고 있었기 때문이었다. 나는 5년 후를 기대하며 구경만 해야 했다.

가끔씩 결승전에 못 오른 선수들을 위해 작은 운동장에서 치르는 경쟁 기회가 생기기도 했다. 때를 놓치지 않고 과제 제안서를 제출하며 열심히 설명해 보지만 매번 낙방이었다. 그래도 실망하지 않고 기다리다가 그다음에 또 제안했다. 떨어지면 그다음에 또 했다. 그러면 이번에도 또 낙방!

원자력 선진국들이 핵심소재 개발에 엄청난 투자를 하며 치열하게 경쟁하고 있는 상황에서 우리도 20년 후 원전 선진국으로 가기 위해서는 지금부터라도 이런 연구를 해야 한다고 열변을 토해도 관심 갖는 사람이 없었다. 이유는 크게 두 가지다. 하나는 지금 주어진 예산 내에서 할 일이 많은데 그런 불확실한 연구에 투자할 여력이 없다는 것이고, 다른 하나는 외국에서도 전문가들이 팀을 이루어서 수십 년을 연구해도 실패하는 경우가 많은데 네가 무슨 수로 할 수 있느냐는 것이다.

지칠 줄 모르는 도전에 감동했는지 아주 작은 규모의 기초연구를 할 수 있는 기회를 주었다. 연구소 내에 시드과제 성격의 소규모 과제 지원제도가 있었는데 1995년에 내가 제안한 신소재 개발 과제가 선정되었다. 비록 3천만 원의 적은 예산이었지만 기초연구의 기회가 생겼다는 것은 새로운 도약을 준비할 수 있는 기회였기에 그 의미가 매우 컸다. 나중에 들으니 과제 선정 과정에서 당시 연구관리부장이었던 정연호 박사(후에 18대 원장 역임)께서 이런 도전적인 연구를 해야 한다고 적극적으로 밀어주셨다고 한다. 공교롭게도 정연호 박사는 96년도에 핵연료부 부장으로 자리를 옮기셨고, 97년도부터는 본격적으로 신형 핵연료 개발과제의 대과제 책임자를 맡으시고 지르코늄 신소재 개발 과제의 세부 과제 책임자로 나를 스카우트해 갔으니 아마 이때부터 선견지명이 있었던 것 같다.

모과제인 압력관 과제를 주로 수행하면서 소규모 과제인 신소재 개발 과제를 틈틈이 수행하게 되었는데 같이 일할 연구원과 장비가 없어서 많은 어려움을 겪었다. 연구 인력으로 석사과정의 학연 학생을 한 명 뽑아 도움을 받았고, 주로 야간을 이용해서 기초연구를 시작했다. 적은 예산과 제한된 인력으로는 연구를 제대로 할 수 없기 때문에 우선 신소재 개발을 위한 연구방향, 합금설계 방향, 특허 확보 방안에 대해 집중적으로 준비했다.

그동안은 기술의 뿌리를 파헤치는 노력을 많이 해왔다면 이제부터는 세계시장을 장악하고 있는 선두 기술들에 대해 집중적으로 파헤치는 작업을 해야 했다. 당시 세계시장을 장악하고 있는 지르코늄 신소재는 미국의 웨스팅하우스사에서 개발한 ZIRLO 소재였다. 이 신소재는 조성관점에서 러시아에서 개발한 E635 소재의 조성과 매우 유사했는데 성능 측면에서는 우수한 결과를 보였다.

프랑스의 아레바는 웨스팅하우스보다는 조금 늦게 신소재 개발을 시작하여 M5라는 신소재를 선보였다. 이 소재는 러시아의 E110 소재와 조성이 동일했다. 프랑스 연구자는 자기들이 개발한 M5의 조성은 E110과 유사하기는 하지만 제조공정이 완전히 달라 E110과는 전혀 다른 제품이고 성능도 매우 우수하다고 주장한다. 그러나 같은 분야를 연구하는 전문가 입장에서 믿음이 가지 않았다.

미국과 프랑스에서 개발한 신소재는 모두 약점이 있었고 나는 약점을 보완하는 방향으로 연구에 집중하여 하나 소재를 개발하는 데 성공할 수 있었으며 특허도 우리가 먼저 확보할 수 있었다. 그 후 미국과 프랑스는 각자 약점을 보완한 3세대 신소재를 개발하게 되는데 공교롭게도 조성이 내가 개발한 '하나' 조성과 유사했다. 그래서 프랑스의 아레바사는 본인들이 개발한 3세대 신소재를 상업화하기 위해서는 우리 특허를 무효화시켜야 했기 때문에 침해소송이 아닌 무효소송을 제기하여 나를 7년 반 동안 괴롭힌 것이다.

독일은 신소재 개발에 많은 예산을 투자했지만 결국에는 성공하지 못했다. 그들은 신소재 개발 대신 이중구조의 피복관을 개발하는 데 성공했다. 즉 강도가 우수한 기존의 지르칼로이를 기반으로 외부에만 부식저항성이 우수한 신소재를 얇게 입히는 기술을 개발하게 되는데 성능은 매우 우수한 것으로 나타났다. 그러나 이중구조의 피복관 튜브를 만들려니 제조 단가가 높아져 산업체에서 외면을 받았고 결국 실패한 작품으로 마무리되었다.

일본에서도 미쯔비시(MDA소재)와 스미토모(NDA소재)를 중심으로 여러 가지 신소재 개발에 많은 연구비를 투자했지만 성능이 미국, 프랑스 제품보다 우수하지 않은 것으로 나타났다. 그동안 많은 실험실 평가, 상용원자로 평가가 이루어졌는데 아직도 상용화했다는 이야기를 들을 수 없으니 여전히 개발 중이거나 아니면 실패한 작품이 아닐까 생각한다.

▶▶▶부족한 2%의 승부로 세계 1등 기술에 도전하라

개발하려는 분야의 기술의 뿌리를 철저히 파헤치고 현재 선두에 나선 제품들의 약점을 정확히 파악했다면 다음 단계에서는 싸워 이기기 위한 전략과 방안을 수립해야 한다.

먼저 신소재 개발을 위한 이론적 고찰과 코드 분석에 들어가게 되는데, 학교에서 배운 지식을 기반으로 부식성능과 강도특성을 변화시키는 원소에는 어떤 것이 있는지를 면밀히 조사해야 했다. 그리고 코드를 이용하여 원소의 종류와 양에 따라 상변태 거동이 어떻게 변하고 어떤 석출물이 생기는지를 사전에 분석했다. 이러한 접근 방식을 통해서 합금 설계에 필요한 자료도 확보하고 개발 방향도 설정하게 된다.

그러나 지르코늄 소재는 기본적으로 중성자 특성 때문에 98%의 지르코늄에 나머지 2%의 다른 원소를 가지고 승부를 가려야 하므로 결코 쉬운 일이 아니었다. 다시 한번 말하지만 신소재 개발은 학교에서 배운 지식만 가지고는 절대 성공할 수 없다.

나머지 2%에서 승부를 가리기 위해 나는 주기율표를 철저히 분석했다. 일단 주기율표에 나와 있는 모든 원소를 대상 원소로 놓고 하나하나 철저한 분석에 들어갔다. 어떤 원소를 첨가할 때 핵적 특성을 나쁘게 하는지, 어느 원소가 부식성능을 향상시키고 어느 원소가 강도를 향상시키는지, 제조공정에서 문제를 일으키는 원소는 무엇인지 등을 면밀히 관찰하여 '정용환 주기율표'를 만들고 이를 적극적으로 활용했다.

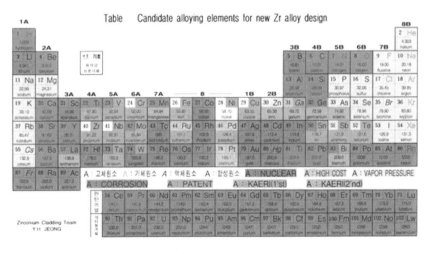

하나 신소재 개발을 위한 정용환 주기율표

▶▶▶ 특허권 확보가 먼저다

미국과 프랑스가 독자소재 개발에 성공해 이 분야에서 선두자리를 달리고 있지만 좀 더 기술의 뿌리를 거슬러 올라가면 역사의 아이러니를 만나게 된다. 미국과 프랑스가 개발했다는 두 가지 소재 기술은 분명 러시아 소재에서 복사한 것임을 알 수 있다. 러시아는 기초연구 분야가 매우 튼튼한 나라로서 지르코늄 소재 분야에서도 엄청난 연구경험과 데이터베이스를 갖고 있었다. 그러나 자유화가 되면서 특허에 대한 개념이 부족해 많은 자료가 학술회의, 논문을 통해서 서방세계로 유출되었다. 약삭빠른 미국과 프랑스는 러시아에서 유출된 자료를 이용해 성능개선 과정을 거쳐 특허를 확보한 후 본인들만이 독점권을 행사하며 전 세계적으로 장사를 해오고 있는 것이다.

미국과 프랑스가 신소재 개발 과정에서 러시아의 기술을 모사했지만 구 동구권 시절에 특허 제도가 없었기 때문에 러시아는 결국 서방세계로부터 자신들의 기술을 지켜내지 못했다. 특허제도가 있는 서방세계에서 미국과 프랑스가 먼저 특허를 등록함으로써 러시아는 뒷북만 치며 아무런 재산권 행사도 할 수 없는 처지가 된 것이다.

우리도 이것을 반면교사 삼아 외국에서 이미 등록한 특허를 철저히 분석해 이를 바탕으로 우리가 확보할 수 있는 특허 방안에 대해서 면밀한 계획을 세워야 했다. 이 일은 신소재 개발 업무보다 더 중요한 사항이었다. 수십 년 후발주자로서 이미 선진국에서 거미줄처럼 등록한 특허를 피해 우리만의 특허를 확보하는 것은 쉬운 일이 아니었다.

가장 먼저 미국의 원자력 기업들이 등록한 특허들을 철저히 분석해 나갔다. 미국은 웨스팅하우스를 비롯하여 GE 등에서 수백 개의 특허를 이미 확보하고 있었다. 이들 특허를 모두 검토하여 일목요연하게 표로 만들어 틈새를 찾았지만 비집고 들어갈 틈이 보이지 않았다. 다음으로 아레바를 비롯한 유럽의 여러 원자력기업에서 등록한 특허를 면밀히 분석하여 똑같은 방법으로 표를 만들고 분석했다. 마지막으로 일본 특허를 분석하게 되는데 이 과정에서 의외로 일본의 여러 회사들이 등록한 특허가 미국 회사의 특허보다 많고 쓸 만하다는 것을 알게 되었다. 미국, 유럽 특허보다 일본 특허를 피해 나가는 것이 더 어려워 보였다. 이러한 예상은 적중하여 훗날 프랑스의 아레바사가 우리에게 무효소송을 제기했을 때에 참고문헌으로 주로 일본 특허를 들고 나와서 우리를 골탕 먹이게 된다.

우리는 수백 개의 특허를 분석하고 각 특허에 대한 장단점을 분석하여 특허 분석 보고서를 작성했다. 지금은 특허를 분석하는 프로그램도 많고 과제 시작 전부터 특허전문기관에서 특허 분석을 실시하여 특허성을 검토해 준다. 하지만 당시만 해도 이런 시스템이 전혀 없어 개발자가 직접 나서서 분석하고, 특허맵도 작성하고, 특허출원방안도 수립해야 했다.

특허분석을 마친 후에는 원자력연구원 내에서 적은 예산으로 할 수 있는 기초연구 방향을 수립한 후 소형 시편을 제조하기 위한 실험에 착수했다. 당시 연구원 내에는 실험장비가 거의 없어 대부분 외부기관의 장비를 사용할 수밖에 없었다. 용해 후 성분 분석이나 열간압연, 냉간압연 등의 시편 제조공정을 위해서 우리는 여러 기관을 돌아다니면서 연구를 해야 했다.

그렇게 처음으로 해 본 시편 제조는 쉽게 되지 않았다. 수없이 반복하고 재료공학적인 기술을 총동원해도 실패했다. 설사 어렵게 시편 제조에 성공해도 성능평가를 해 보면 기존의 상업적인 제품에 비해서 성능이 형편없이 나빴다. 수많은 시행착오를 겪다가 결국 사전 연구는 신소재 개발 방향 수립과 기초적인 지식을 확보하는 데 만족하면서 마무리하게 되었다.

결과가 잘 나오지 않아도 실망하지 않고 다시 시도하여
끝내는 좋은 합금을 만들어 내는 프로정신의 팀원들이었다.
대부분의 팀원들은 정시 퇴근이 어려웠으며 주말에도
핵심연구원들은 출근하는 일이 잦았다.

Chapter **05**

꿈을 실현하기
위한 출발

꿈을 실현하기 위한 출발

▶▶▶우선 먹고 살기 위해 시작된 프로젝트

1996년도 원자력계에서는 커다란 변화가 일어났다. 그동안 원자력연구소가 도하여 진행하던 원자력 기술자립 관련 사업이 모두 산업체로 이관되는 구조 정을 겪게 된다. 구조조정을 하면 사업뿐 아니라 연구 인력도 함께 이관해야 므로 원자력연구소에서 한솥밥을 먹던 동료들이 산업체로 직장을 옮겨야 하 사태를 겪게 되었다. 그동안 원자력연구원에서 수행하던 핵연료사업도 한전 자력연료로 넘어가게 되어 핵연료사업에 참여했던 많은 인력들도 산업체로 직하게 되었다. 이러한 과정을 거치며 남아 있는 연구원들에게도 연구할 과제 주어야 한다는 의견이 나와 그 일환으로 새로운 중장기 과제인 핵연료 기술개 과제가 탄생하게 되었다.

같은 해에 연구계에서는 또 하나의 커다란 변화가 일어났다. 바로 PBS(Proj

Based System)[7]의 도입이다. PBS에 대해 그동안 연구자들로부터 끊임없이 문제가 제기되고 있었지만 아직도 유지되는 것을 보면 정부 측에서는 장점에 더 많은 비중을 두는 듯하다. PBS 도입 전에는 출연연 연구원들의 인건비를 정부에서 지원해 주었지만 PBS 도입 이후부터는 과제별로 인건비가 배분된다는 것이 엄청난 변화였다. 따라서 사업이관으로 일도 없어지고 월급도 받기 어려운 상황이 되어 버린 것이다. 이를 극복하기 위해 원자력계에서는 원자력기금이 생기게 되었고 이를 이용해 국가가 필요로 하는 중장기 과제를 기획하게 된다.

그러나 준비가 부족한 상태에서 대형 과제를 바로 시작하는 것은 많은 우려와 논란을 낳을 수 있어 이를 막기 위한 타당성 연구를 1년 동안 하게 되었다. 타당성 연구를 거친 후 1997년에야 '신형 핵연료 개발'이라는 대과제를 시작할 수 있었다. 과제의 내용이 우수해서 지원하는 것이 아니라 우선 먹고 살 것이 없으니 몇 년만 해보라는 분위기에서 시작되었다. 어찌 되었든 3년간 연구할 수 있는 대과제가 시작되었고 대과제 아래 세부과제로서 '지르코늄 피복관 개발', '소결체 개발', '지지격자 개발', '성능평가기술 개발', '상하단 고정체 개발'의 5개 세부과제가 구성되었다.

---

7) 연구과제중심운영방식(PBS)이란 연구기관의 연구사업비 편성이나 배분, 수주, 관리 등 제반시스템을 과제와 성과 중심으로 운영하는 제도이다. 연구주체 및 연구팀 간 경쟁을 촉진하고 연구기관의 회계와 인력관리를 투명하게 하기 위해 1996년 도입됐다.

대과제 책임자는 정연호 박사가 맡았고 나는 지르코늄 신소재 개발의 세부과제를 맡았다. 과제 구성은 핵연료 집합체에 해당하는 모든 부품에 대한 새로운 기술을 개발하는 것으로 되어 있고, 과제의 최종 목표는 독자소유권을 갖는 신형 핵연료 개발이었다.

나는 지르코늄 신소재 개발 과제를 맡게 되었지만 당시 조직상의 소속과 과제상의 소속이 달라 매우 큰 어려움을 겪었다. 소속 부서장이 부서 이동을 허가해 주지 않아 시어머니 둘을 모시는 상태에서 몇 년 동안 연구를 하게 된 것이다. 물론 연구소의 조직운영과 연구효율성을 위해서 있을 수 있는 일이지만 나에게는 그때의 몇 년이 지옥 같았고 고통스러웠다. 두 시어머니 모두 온순하거나 협조가 잘 되면 그래도 낫겠지만 한 시어머니라도 성격이 괴팍하면 당하는 사람은 견디기 힘든 법이다.

그때 당시 나는 새로운 과제를 맡아 일에 대한 열의가 가득했고 오랫동안 꿈꾸던 연구를 할 수 있는 조건이 만들어져 매우 감사했다. 매일 밤늦게까지 근무하는 것도 모자라 주말에도 나와서 열심히 지르코늄 연구에 열중했다.

하지만 조직문화에 대한 스트레스가 견디기 어려웠고 일하는 보람보다 인간관계에서 오는 피로감이 누적되어 갔다. 연구원 생활 30년 동안 딱 한 번 이직을 생각했던 적이 있었는데 이때가 바로 그때였다. 조직문화에서 받은 스트레스를 일에 몰두함으로써 잘 견뎌낸 내 자신에게 지금은 고맙게 생각한다.

▶▶▶ 학생 연구원들의 도움이 없었다면 불가능한 일

환영도 못 받고 시작한 연구, 언제 중단될지 모르는 연구에서 살아남으려면 연구 성과로 답해야 했다. 3년 후에 끝나는 연구가 아니라 6년, 10년까지 지속되어서 우리나라 신소재 개발을 완성해 보고 싶었다. 내 정열을 다 바쳐서라도 꼭 성공하고 싶었다. 그러나 연구는 혼자 하는 것이 아니다. 연구를 하려면 연구팀이 먼저 구성되어야 한다. 다음으로 실험을 할 수 있는 실험실과 실험장비가 있어야 한다. 그러나 연구 인력과 연구시설은 전무한 상태였다.

연구팀에는 백종혁 박사가 주연구원으로 참여했고 실험지원을 위해 타 부서에서 스카우트해 온 최병권 기술원이 주 멤버였으며, 여기에 당시 비정규직으로서 석사과정 학연 학생이었던 김현길 박사가 연구팀에 합류했다. 백종혁 박사는 우리 과제의 핵심 멤버이면서 브레인 역할을 아주 잘해 주어 나와 같이 일하는 8년 동안 모든 특허출원, 합금 설계, 시제품 제작, 할덴 시험 등에서 대단한 성과를 창출한 주역이다. 최병권 기술원은 실험을 총괄하면서 연구원의 보조역할을 너무나 충실히 해준 이 분야의 진정한 장인이다. 김현길 박사는 같은 팀에서 석사과정, 박사과정, 박사 후 연수과정을 마친 후 정규연구원으로 입소하게 되었고 지금은 지르코늄 분야의 최고 전문가로서 인정을 받고 있다.

새로운 과제에 착수했다고 해서 신입 연구원을 채용할 수 있는 환경이 아니어서 정규직 확보는 포기하고 2년 차부터 많은 학생 연구원들을 활용했다. 하나 개발 과정에서 700종의 신소재 조성 합금을 만들고 수천 개의 시편을 제조해 이를 기반으로 시제품을 만들었는데 이들 실험 자료는 모두 학생 연구원들의 노력으로 생산되었다고 해도 과언이 아니다.

1년 차에 김현길, 2년 차에 구재송, 하승원, 3년 차에 이경옥, 윤영균, 김명현, 4년 차에 김대종, 5년 차에 김윤선, 김영화, 6년 차에 박기범, 이종혁 등이 참여했다. 과제수행에 수많은 비정규직인 학생 연구원들의 도움이 없었다면 지금의 성공은 불가능했을 것이며 나는 이들의 노력과 기여에 매우 감사하고 있다.

과제는 시작되었는데 실험실 한 평, 실험 장비 한 개가 없는 상황이었다. 그래서 다른 연구팀의 연구 장비를 활용해야 하는데 이것은 결코 쉬운 일이 아니었다. 다른 연구팀의 실험 장비도 여유가 없어서 장비를 사용할 수 있는 시간을 확보하는 것이 무엇보다 어려웠다. 일부 연구팀장은 자기들 장비 사용을 근본적으로 차단하여 아예 사용할 수 없도록 했다. 과제는 수행해야 하는데 실험실과 장비 타령만 하고 있을 수도 없었다. 할 수 없이 외부기관의 장비를 이용해 실험하게 되는데 이것 또한 효율적이지 못했다.

▶ ▶ ▶ 무에서 유를 창조하는 동료들의 도전정신

어렵게 다른 팀의 장비를 사용해 오던 어느 날, 최병권 기술원이 찾아왔다. 장비를 빌려주던 팀장이 더 이상 장비를 사용하지 말라고 하는데 어떡하느냐고 한숨을 내쉬었다. 나는 그쪽 팀장을 찾아갔다. 그쪽 팀에서 사용 안 하는 시간에 장비를 사용할 수 있게 해달라고 부탁했더니 "정 박사도 새로 팀을 만들었으니 당신이 장비를 사서 알아서 하세요."라며 거절했다. 아직도 그 팀장의 말은 잊을 수가 없다.

연구소 생활 30년을 되돌아보면 개성 있는 사람들도 많고 협조가 잘 되는 사람이 있는가 하면 협조가 절대 안 되는 사람도 많았다. 요즘 들어 시대 흐름에 맞추어 출연연 간 융합과제 발굴을 비롯하여 기관 간의 융합을 강조한다. 하지만 같은 연구소 내에서도 서로 협조가 안 되는데 하물며 다른 출연연 연구원들까지 융화가 제대로 될지는 의구심이 든다.

실험이 중단되어 고민을 하던 어느 날 최병권 기술원이 기발한 아이디어를 제안했다. 본인이 야간에 출근해 다른 팀에서 사용하지 않는 장비로 밤새워 실험을 하고 아침에 퇴근을 하겠으니 허락해 달라는 것이다. 그것은 내가 허락할 사항이 아니라 책임자로서 감히 상상할 수 없는 제안이었으므로 그의 의지에 감동함으로써 동의를 표했다. 최병권 기술원은 몇 달 동안을 밤새워 실험하고 낮에는 잠을 자는 어려운 생활을 했다. 나는 그에게서 프로정신을 배웠고 항상 감사하게 생각하며 살고 있으며 하나 개발의 주역으로 여기고 있다. 최병권 기술원은 하나 개발 16년 동안 유일하게 처음부터 끝까지 나와 같이 일해 온 사람이다. 내가 부서를 옮겨도 같이 부서를 옮겨 계속해서 일을 같이한 인연을 갖고 있다. 최근 신문, 방송에서 과제 성공스토리에 대한 인터뷰를 하는 경우가 많은데, 인터뷰 때마다 최병권 기술원의 무용담을 자랑스럽게 이야기한다.

초창기 같이 맨땅에서 시작했던 동료들은 모두 도전정신과 성공해야겠다는 집념이 매우 강했다. 실험 여건이 갖추어지지 않은 조건에서도 밤늦게까지 실험하고 결과에 대해 심도 있게 토의했다. 결과가 잘 나오지 않아도 실망하지 않고 다시 시도하여 끝내는 좋은 합금을 만들어내는 프로정신의 팀원들이었다. 대부분의 팀원들은 정시 퇴근이 어려웠으며 주말에도 핵심연구원들은 출근하는 일이 잦았다. 가난한 집안 형제들의 우애가 좋듯이 없는 환경에서 어려움을 함께 극복하며 성공에 대한 의지를 다졌기에 끝까지 함께할 수 있었던 것 같다.
팀원들과 가족들의 사기를 북돋아주기 위해 1998년부터 매년 6월 6일이면 가족이 함께하는 야유회를 실시하였는데 10년 이상 지속하였다. 함께 고생했던 많은 동료들에게 감사하며 기술이전이란 성과로 팀원과 가족들에게 약간의 감사표시를 할 수 있어서 다행이라 생각한다.

포상금 타서 가족들과 해외 나들이

▶▶▶ 신기술은 노력과 아이디어에서 나온다

원자력 분야에서 재료는 원자력발전소의 기본이면서 안전을 책임지는 마지막 보루다. 핵연료 분야에서 기술자립 과정을 살펴보면 설계 기술은 외국기관과 협력을 통해 자립이 가능하다. 피복관을 비롯한 부품제조 기술도 외국기관의 기술도입이나 협력, 또는 자체 기술개발을 통해 비교적 짧은 시간 내에 자립이 가능하다. 그러나 핵연료 재료인 지르코늄 소재 개발은 과제 착수부터 검증까지 최소 15년 이상의 장시간이 요구된다. 비용도 많이 들 뿐만 아니라 성공 가능성도 높지 않아서 원자력 후발주자가 소재 기술 자립을 하기에는 매우 어려운 분야이다.

우리나라의 경우 지르코늄 소재 개발 분야에서는 선진국에 비해 약 50년 후발주자인 데다 경험과 자료가 부족해 신소재를 개발하기 위해서는 엄청난 노력과 아이디어가 따라 주어야 했다. 외국의 기술협력도 어렵기 때문에 독자적 개발을 위해서는 외국 제품에 비해 성능도 우수하고 특허성도 확보되어야 했다. 그것이 우리의 기본 개발 방향이었다. 그러나 두 마리 토끼를 동시에 쫓는 것은 결코 쉬운 일이 아니다.

팀원들과 끊임없는 세미나와 토론을 통해서 새로운 아이디어를 창출하려고 노력했다. 한 번 세미나를 시작하면 저녁시간까지 이어지는 경우가 다반사였고 저녁 식사 후에 다시 세미나를 진행하는 경우도 많았다. 초창기 나와 연구했던 동료들이나 학생들은 정시퇴근은 거의 생각할 수 없었다. 나 역시 특별한 경우를 제외하고는 정시에 퇴근하는 날이 거의 없었다. 연구원 생활 33년 중 25년이 그랬다. 매일 연구소 식당에서 저녁을 먹었고 밤 10시, 11시가 되어야 사무실을 나왔다.

▶▶▶ 둘째 부인 소리에 익숙해진 아내

매일 밤늦게 퇴근해서 밤 12시 KBS 심야뉴스를 보면서 야식을 먹는 것이 일상생활이었다. 어느 날 퇴근해서 뉴스를 보며 야식을 먹는데 아내가 할 말이 있단다. 옆집 사는 아주머니들끼리 수군거리는 소리를 들었는데 자기는 이 동네에서 '세컨드(둘째 부인)'로 소문났다고 했다. 참기가 막히고 어이가 없어 바로 쫓아가서 따지고 싶은 심정이었다고 한다.

곰곰이 생각해 보니 주변 아주머니들이 충분히 오해할 만한 상황은 계속되었고, 그렇게 소문이 나도록 만든 장본인은 바로 나였다. 매일 밤 11시 이후에 집에 들어오니 이웃 사람들을 만날 수가 없다. 아침에도 일찍 나가니 이웃을 못 보기는 마찬가지였다. 거기다 연구실에서 숙박하는 경우가 많고 토요일도 대부분 연구실에 나가고 일요일만 집에서 쉬었다. 나는 일요일만이라도 아이들의 손을 잡고 공원도 다니며 가족들과 함께하려고 노력했다. 내가 이웃들을 만날 수 있는 날은 일요일뿐이었다. 이웃 주민들이 볼 때 주중에는 없다가 주말만 잠깐 얼굴을 비치니 전형적인 둘째 부인을 둔 남편의 모습이었던 것이다.

아내의 마음이 얼마나 아플까 생각하면서 아내에게 심정을 물으니 돌아온 대답은 예상 밖이었다. 아무렇지도 않다는 것이다. 세컨드가 아닌 정용환의 조강지처이기 때문에 당당하고 어떻게 소문나도 개의치 않는단다. 정말로 개의치 않은 것인지 아니면 남편 사기를 살려주려고 그랬는지는 모르지만 아내는 내가 밤늦게 들어가는 것에 대해 평생 한 번도 잔소리를 해본 적이 없다. 피아노 학원을 운영하면서 드센 아들 둘을 키워야 하는 전투 같은 삶을 살았지만 나의 연구원 생활에 대해 100% 신뢰와 지지를 보내주었다. 그런 아내의 지지 덕분에 연구자로서 성공할 수 있었고 대한민국 최고 과학자 자리까지 올라갈 수 있었다.

말이 나온 김에 내가 얼마나 집안일을 등한시했는가를 보여주는 일화 하나를 더 고백하고자 한다. 작은 아들의 대학 졸업식을 앞둔 어느 날 아내가 조용히 하는 말이, 아이들 둘을 키우면서 평생 한 번도 아이들 학교에 가본 적이 없으니 마지막 기회인 아들 대학 졸업식만은 꼭 같이 가자는 것이다. 뜨끔했다. 남들은 자식들 학교에 자주 간다는데 나는 두 아들을 키우면서 유치원, 초등학교, 중학교, 고등학교, 대학교까지 한 번도 가본 적이 없었다. 바쁘다는 핑계로 아이들 교육을 모두 아내에게 맡겼던 것 같다. 집안 살림과 아이들 교육 모두를 아내에게만 의지한 채 나 몰라라 했으니 지금 생각하면 나는 가장으로서 자격이 많이 부족한 사람이었다. 아내의 헌신적인 노력으로 두 아들 모두 현재는 전문가의 길을 잘 걸어가고 있으니 결과적으로 내가 교육에 관여하지 않은 것이 오히려 잘된 것은 아닌지, 그것으로 위안을 삼는다.

"신소재 개발이 쉬운 일이라면 많은 선진국 중
미국과 프랑스만이 성공하고, 독일, 스페인, 스웨덴과
일본 등이 실패했겠는가. 내가 생각하지 못하는 비밀과
장애물이 있을 것이다. 그것이 무엇일까? 그것을 찾아야 한다."

06
Chapter

열한 번의 실패 후
열두 번째에 성공하기

열한 번의 실패 후 열두 번째 성공하기

▶ ▶ ▶ 이론대로 된다면야

수년 동안 한국을 대표하는 지르코늄 신소재를 개발하기 위해 얼마나 준비하고 기다려왔던가. 나는 철저히 준비해 왔다고 장담할 수 있었으며 준비된 과학자라고 생각했다. 그동안 열정적인 준비과정과 사전연구 등을 거치면서 자신감이 충만했고 기회만 준다면 당장이라도 성공할 수 있을 것만 같았다.

이런 자신감을 바탕으로 프로젝트를 시작하게 되었다. 처음에는 교과서에서 배운 전문지식에 이론적인 접근방식을 도입하여 신소재 개발 방향을 설정했다. 다음은 그동안 철저히 공부한 특허 동향 분석을 기반으로 특허 확보가 가능한 방향에서 합금 설계를 실시했다. 계획한 대로 실험만 하면 이 세상에 없는 새로운 신소재가 금방이라도 튀어나올 것만 같았다.

그러나 합금 설계를 기반으로 샘플을 만들어 첫 성능시험을 한 결과는 처참하리만큼 나빴다. 미국 제품의 80%라도 따라가야 하는데 결과는 50% 성능도 안 되었다. 국내에서 실시한 첫 연구결과이니 그럴 수 있다고 자위했지만 돌파구가 보이지 않았다. 이론대로 될 것 같지만 성능시험을 하면 절대로 계획대로 되지 않는다는 것을 비로소 알게 되었다. 이것은 신소재 개발을 해보지 않은 사람들은 실감할 수 없는 현실이다. 이론대로 되는 일이라면 1등으로 졸업한 사람이 모두 신소재 개발의 선두를 달려야 하지만 현실은 그렇지 않다. 이론이 탄탄하고 의지가 강하다고 해서 성공할 수 있는 것은 아니었다.

대부분의 사람들은 연구에 있어서 결과만을 평가하거나 마지막 달콤한 열매만 생각한다. 그러나 많은 성공한 사람은 달콤한 열매를 얻기 위해 수많은 난관을 극복해 왔다. 그러니 연구자는 열매보다 과정을 철저히 들여다보는 자세가 필요하고 아울러 정부는 열심히 노력하다 실패한 연구자에 대해 과정을 인정해주는 정책이 필요하다. 내가 이 글을 쓴 이유도 여기에 있다. 나의 경험과, 개발과정에서 겪었던 난관들을 글로 남김으로써 지금도 연구로 밤새우는 후배들에게 조금이라도 도움을 주기 위해서다.

처음에는 계획한 대로 신소재가 나와 줄 것으로 예상했다. 내가 가진 모든 지식과 경험을 총동원하고 팀원들과의 끝없는 난상토론을 거쳐서 1차적으로 약 30종의 합금설계를 했다. 합금설계 후에는 용해, 압연, 열처리 공정을 거쳐 판재 시편을 제조했다. 그런데 시편 제조과정이 그렇게 쉽지는 않았다. 첫 단계인 용해과정부터 우리를 골탕 먹이기 시작했다. 우리가 조제한 첨가 원소가 모두 다르고 각각의 첨가 원소는 특성이 다르므로 샘플을 제조하고 보면 우리가 원했던 조성이 나오지 않았다. 어떤 원소는 1%를 조제했는데 분석해보면 0.5%만 남는 경우도 있었다. 원소에 따라서 나타나는 결과는 천차만별이었다.

따라서 1차적으로 용해기술을 확립하는 연구가 필요했다. 원소별 특성을 파악하고 이들 특성을 고려하여 합금을 재설계하는 과정을 몇 차례 반복해 나갔다. 그 결과 용해 기술을 확립하게 되는데, 이 공정기술만을 확립하는 데 적어도 5개월이 소요되었다.

다음 단계는 압연공정과 열처리공정인데 이 역시도 난관에 봉착하게 된다. 우리의 모든 지식을 총동원해 공정을 설정하였다. 이 공정에 따라 압연을 해보면 영락없이 시편에 수많은 균열이 발생해 더 이상 공정을 진행할 수 없었다. 제조공정에서 우리가 조제한 첨가 원소에 따라 제조특성이 달라지므로 이를 고려해 제조공정 조건을 설정해야 했다. 따라서 조성에 따라 개성 있는 맞춤형 공정을 설정해야 했다. 이런 수많은 시행착오를 겪으면서 나름대로 데이터베이스가 쌓이게 되고 이를 활용한 고유 제조공정을 설정하게 되었다.

판재 시편 제조에 성공하면 다음 단계에서는 인장 시편, 부식 시편, 크립 시편 등을 가공하게 되는데 한 가지 합금에 대해 적어도 30개의 시험편이 필요하니 30종의 신소재를 평가하기 위해서는 900개의 시험편이 필요했다. 모든 제조공정 기술이 확립된 후에도 용해부터 시편 확보까지는 적어도 3개월이 소요되었다.

다음 단계에서는 부식특성을 비롯하여 여러 가지 성능평가를 했다. 그런데 성능시험을 해보니 1차적으로 시도한 30종의 신소재가 모두 형편없는 것이 아닌가. 열의를 갖고 수행한 10개월가량의 연구결과가 모두 실패라는 것을 아는 순간 모든 자신감을 잃고 말았다. 더욱 겸손해져야 하는 순간이었다.

우리는 다시 심기일전하여 1차 실패의 원인을 정밀 분석한 후 이를 반영하여 2차 신소재를 설계했다. 이번에는 더 많은 변수를 고려해 50종의 신소재를 준비했다. 1차에서 제조공정은 이미 확립을 해 놓았기 때문에 좀 더 짧은 시간 내에 성능평가를 위한 시편을 확보할 수 있었다. 이번에는 약 1,500개의 시험편을 평가해야 했다. 수많은 시편들은 당시 함께 연구했던 학생 연구원들에게 배분되었고 이들의 노력으로 평가 결과가 나왔지만 이번에도 신소재의 성능은 좋지 않다. 50종 중 일부 신소재는 외국제품과 비슷한 성능을 보였지만 그래도 실패작이었다. 우리는 포기하지 않았다. 또다시 3차로 50종의 신소재를 설계하고 똑같은 제조공정을 거쳐서 성능평가를 다시 했지만 역시 실패작이었다.

3년 동안 이런 과정을 반복하다 보니 700종의 다른 신소재를 설계·제조하고 성능시험을 하게 되었는데 시험편 개수로만 보면 2만 개가 넘었다. 같이 연구한 동료들에게 너무 못된 짓을 한 것이 아닌가 생각되어 매우 미안하다.

당시 함께 고생한 동료들과 가족

▶▶▶ 실패한 자료를 다시 분석하라

수없이 실패했다. 4차, 5차, 6차, 7차, 8차, 9차, 10차의 신소재 설계, 제조, 성능평가 사이클을 반복했다. 난관에 봉착할 때마다 동료들과 함께 밤새워 토론했고, 주말에도 대책회의를 했다. "왜 이론대로 되지 않는 것일까, 왜 교과서에서 알려주는 대로 되지 않는 것일까?"라는 질문을 하면서 나 자신을 되돌아보고 반성해야 했다.

"신소재 개발이 쉬운 일이라면 많은 선진국 중 미국과 프랑스만이 성공하고, 독일, 스페인, 스웨덴과 일본 등이 실패했겠는가. 내가 생각하지 못하는 비밀과 장애물이 있을 것이다. 그것이 무엇일까? 그것을 찾아야 한다."

3년 내에 성공해야 한다는 강박관념과 신소재 개발에 대한 의욕만 앞서 실패의 원인을 자세히 찾아볼 생각은 않고 계속 반복되는 시도만 했던 것은 아닌지 돌아보게 되었다. 이런 방식으로는 문제를 해결할수 없다는 것을 수없는 실패를 경험하고 나서야 깨달았다.

지난 실패한 자료를 철저히 분석하는 연구를 다시 하게 되었다. 여기서 우리는 지르코늄이란 소재는 다른 소재와는 다르게 근본적으로 극미량의 원소 조성변화에도 엄청난 성능 차이를 만든다는 것을 알아냈다. 합금조성뿐만 아니라 제조공정 중 열처리 온도에도 매우 민감하다는 것을 알게 되었다. 이것을 해결하는 방안은 성능 향상을 위해 정확한 조성과 정확한 온도를 찾아내어 실험과정에서 오차를 완전히 없애는 것이었다.

선진국들은 신소재 개발 역사가 길고 경험이 많기 때문에 많은 데이터베이스를 보유하고 있지만, 우리는 연구경험이 짧아 보유하고 있는 데이터베이스가 적기 때문에 해결 방안을 찾기가 쉽지 않았다. 시간이 걸리더라도 최적변수를 찾기 위한 기초연구를 더욱 강화해 나가야 했다. 각각의 첨가 원소의 최적량을 찾기 위한 연구, 최적 열처리 온도를 찾기 위한 연구, 최적 제조공정을 찾기 위한 연구 등을 위해 모든 팀원들을 동원했다.

▶ ▶ ▶ 열두 번째에 성공하기

실패와 시도를 거듭한 끝에 우리의 데이터베이스는 쌓이게 되었다. 실패한 경험을 계속 데이터베이스에 반영하여 숲을 그리고 숲속에 나무를 배치하다 보니 한 줄기 서광이 비치기 시작했다. 우리가 설계하고 제조한 샘플들이 미국 제품보다 우수한 성능을 보이기 시작한 것이다.

어렵게 확보한 우수한 성능의 신소재에 대해서는 다시 재현성이 있는

지를 확인해야 했다. 동일한 조성의 신소재를 다시 만들어서 시험해 보면 결과가 일치하는 경우가 많지 않기 때문이다. 다행히 우리가 선정한 몇 종의 신소재는 재현성을 보이면서 우수한 성능을 계속 유지해 나갔다.

최종적으로 성능도 우수하고 독창성도 확보된 10종의 하나 후보 합금을 선정하게 되었다. 선정된 10종 후보 합금들은 마지막 실험실 평가를 재실시하여 최종 6종 합금을 선정하게 되었고 이 6종 합금을 모두 제품으로 제조하게 되었다.

하나-1은 망간을 첨가하여 특허성과 성능이 우수했고, 하나-2는 소량의 니오븀이 첨가된 합금으로서 실험실 평가결과가 우수했다. 하나-3과 4는 미국의 ZILRO합금을 이기기 위해 개발된 합금으로 원자로 내성능이 매우 우수할 것으로 기대했는데 역시 원전에서 최종 검증시험을 통하여 그 우수성이 입증되었다. 하나-5는 실험실 평가에서 가장 우수한 성능을 보여주었으나 상용원전 검증에서는 별로 좋은 성능을 보여주지 못했다. 하나-6은 프랑스의 M5합금을 공략하기 위해서 미량의 구리를 첨가한 합금인데 상용 원전에서 부식성능이 월등히 우수한 결과를 보여 주었다.

피복관 제품으로 만들어진 이 6종의 합금은 모두 각각의 장점, 개발 논리, 개발 배경, 특허성을 갖고 한국에서 태어난 신소재들이다. 하나 개발 과정에서 국내외에 50여 종의 특허를 확보하게 되는데 대부분의 특허는 연구 시작 초기인 3년 이내에 확보한 것이다. 이때에 출원한 특허 중 유럽에 등록된 특허에 대해 아레바사에서 소송을 걸어와 7년 반 동안 특허소송을 치르게 된 것이다.

우수과제로 선정되어 포상받은 사진

시험 장비와 시험절차서를 품질보증 요건에 맞추어서
재정리했다. 그리고 과제진도관리시스템을
전체 시험 항목에 대해 작성했다. 이때부터 내가 사용했던
시스템은 그 후에도 과제관리를 위한 매우 유용한
도구로 사용되었으며 프로젝트를 성공적으로 이끄는 데
많은 도움이 되었다.

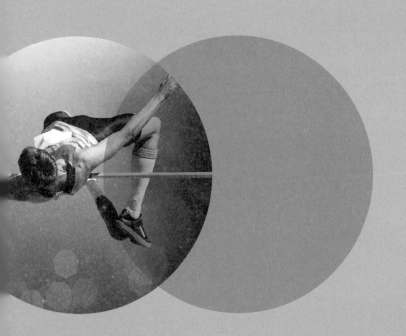

Chapter 07

하나 제품을 만들어야 살아남는다

하나 제품을
만들어야
살아남는다

▶▶▶국내에서는 제품을 만들 방법이 없다

신소재 개발을 위해 모든 팀원들이 고군분투하며 고생한 끝에 성능이 매우 우수한 6종의 최종합금을 선정하게 되었다. 실험실에서 신소재를 개발하면 다음 단계는 제품을 제조하여 제품의 성능을 평가해야 한다. 시제품 제조방안을 찾아보기 위해 국내의 여러 회사들을 방문하여 제조가능성 및 품질확보 방안을 검토하게 되었는데 여기서 난관에 부딪쳤다. 국내 튜브제조사들은 스테인리스 튜브나 동 파이프 등은 많이 생산해 보아서 이들 재료에 대한 제조기술은 확보하고 있었다. 그러나 지르코늄 튜브에 대한 제조 경험은 전무했고, 설비 또한 없었다.

지르코늄 튜브는 이방성[8]을 가지므로 제조공정에서 집합조직을 잘 제

---

8) 이방성: 방향에 따라 다른 성질을 갖는 재료의 특성

어해야 한다. 이는 특별한 제조 방법을 통해 가능한데 당시 지르코늄 튜브 제조에 유용한 설비를 갖춘 회사는 찾을 수가 없었다. 지르코늄 튜브는 핵연료를 내부에 채운 후 원자력발전소에서 연소시험을 해야 한다. 그러므로 안전성이 최우선으로 강조되어야 하는데, 안전성을 확보하기 위해서는 매우 까다로운 품질 조건을 만족해야 했다. 내가 찾아다닌 몇 군데의 회사들은 핵연료피복관이 요구하는 품질요건을 도저히 맞출 수 없는 형편이었다.

이런 문제로 연구개발은 또다시 어려움에 봉착하게 되었고 다음 단계로 나아갈 수 있는 길이 보이지 않았다. 외국에서 6년씩 걸리는 실험실 연구를 3년 만에 성공적으로 마무리했지만 다음 단계로 진입을 못하면 여기서 프로젝트를 포기해야 했다. 프로젝트를 처음 시작할 때 동정 어린 시선으로 보던 심사위원들의 모습을 생각하면 여기서 멈출 수는 없었다.

국내에서는 불가능하다는 것을 알고 해외 업체에 제조가능성을 타진하기로 했다. 지르코늄 피복관 제조회사는 미국, 프랑스, 독일, 일본 등에 있었으므로 이들 회사에 이메일을 보냈다. 우리가 개발한 지르코늄 신소재를 튜브로 만들어 줄 수 있느냐고 문의했지만 시간이 지나도 답장은커녕 어느 회사도 관심을 보이지 않았다. 미국 회사와 프랑스 회사는 아예 반응을 보이지 않는데 이들 회사들은 한국에 오랫동안 자기네 제품을 판매하고 있었으니 우리의 신제품 개발을 도울 이유가 없었을 것이다.

독일회사에서는 답장이 왔지만 나에게 제조공정을 자세히 설정해서 보내면 검토해 보겠다는 대답이었다. 그러나 나를 비롯한 국내 어느 누구도 지르코늄 튜브 제조 경험이 없었다. 문헌에서 나온 정도의 지식만 갖고 있을 뿐 상세한 제조기술에 대해서는 아는 것이 없었다. 그래서 표준공정에 따라서 만들어 줄 수 있느냐고 문의하니 지르코늄 튜브는 소재 조성에 따라 회사마다 모두 다른 조건으로 만들기 때문에 그렇게 만들어 줄 수 없다는 것이다.

이 시점에서 아직도 지르코늄 분야에 대한 지식이 부족하다는 것을 깨닫게 되었다. 실험실에서 시편을 제조하여 실험하거나 외국에서 수입한 최종제품에 대한 시험만 해보았지 제품이 어떻게 만들어지는지에 대해서는 경험도 없고 아는 것도 전혀 없었다. 시제품 제조는 외국회사의 적극적인 협조가 선행되어야 했고 많은 경험을 가진 회사와 같이 고민하고 토의하여 제조조건부터 설정하는 것이 선행되어야 했다. 그러기 위해서는 진정한 협력이 수행되지 않고는 어렵다는 것을 알게 되었다.

지르코늄 튜브 제조에 대한 고민을 안고 일본 규슈대학교에서 개최되는 지르코늄 워크숍에 초청받아 가게 되었다. 워크숍 장소에서 일본의 스미토모 금속에서 온 지르코늄 튜브 전문가를 만났다. 이분과 몇 시간을 이야기 나누며 우리 계획을 설명했고 시제품을 만들어 줄 수 있는지에 대해서 문의를 하면서 인맥을 쌓게 되었다. 그는 자기 혼자 결정할 수 없으니 회사에 들어가서 상의한 후 답장을 주겠다고 했다.

작은 희망을 갖고 있었지만 한국에 돌아와서 몇 달을 기다려도 답장이 오지 않았다. 우수한 신소재를 개발하고도 제품을 만들어 볼 수 없으니 개발 책임자로서 답답한 심정은 이루 말할 수 없었다. 앞으로의 개발 방향에 대해서도 한계를 느끼며 절망에 빠져 있었다. 그러던 중 일본 측 회사에서 연락이 왔다. 자기네들이 만들어 줄 수 있으나 상세한 것은 만나서 이야기하자는 것이다.

나는 회의 자료를 준비해 바로 일본으로 달려갔다. 오사카에서 1시간 정도 기차를 타고 가면 아마가사키라는 도시가 있는데 이곳이 스미토모 금속의 본사와 공장이 있는 곳이다. 이곳에서 지르코늄 튜브도 생산을 하고 있었다. 우리는 하나 피복관 제조방안에 대해 설명하고 이곳 사람들의 의견을 청취하여 협력 방안에 대해 논의했다. 제조기술에 대해 경험이 전혀 없었던 우리로서는 경험이 풍부한 이들로부터 매우 큰 도움을 받았다. 교과서에서 배운 기술보다 오랜 경험에서 나오는 노하우가 매우 중요하다는 것을 다시 한번 깨닫는 중요한 시간이었다.

기존에 생산해왔던 지르칼로이와 최근에 개발되는 니오븀 첨가 피복관은 제조특성이 다르므로 새로운 냉간가공 기술을 적용해야 했다. 실험실 데이터만 갖고 있었던 우리에게는 그들의 현장 데이터가 하나 피복관을 제조하는 데 많은 도움이 될 것으로 예상되었다.

1차 회의에서 기술적인 사항에 대해 어느 정도 논의를 마친 후 일본 측에서 아주 예상 밖의 협력 방안을 제안했다. 자신들은 단순히 제조비용만 받고 제품을 만들어 주는 일은 하지 않겠단다. 대신 제조공정 기술개발 및 제품 제조를 공동 연구로 하자고 제안했다.
공동연구라는 변수는 나에게 매우 충격적인 제안이었다. 단순히 비용을 지불하고 제조만 도움 받고 싶었는데 공동연구를 수행하면 특허권 문제가 반드시 수반될 것이다. 만약 공동특허가 발생할 경우 선진국으로부터 기술독립을 선언하겠다는 당초 프로젝트 수행 목적과도 맞지 않을 수 있었다.

나는 공동연구 시 전제조건이 무엇이냐고 물었다. 그랬더니 제조 시 들어가는 비용은 요구하지 않겠으니 제조과정에서 새롭게 발생하는 특허에 대해서는 공동특허를 원칙으로 하되 지금까지 각 기관이 이미 확보하고 있는 특허에 대해서는 서로 독자 소유권을 인정해 주자고 했다. 즉 제품을 제조하면서 새로 생기는 특허에 대해서만 공동소유를 하자는 제안이었다.

내일 다시 이야기하자며 시간을 번 뒤 호텔로 돌아와 엄청난 고민에 빠졌다. 이 회사는 내가 접촉할 수 있는 마지막 회사였으므로 이들 제안을 받지 않는다면 제품을 만들 방법은 완전히 사라지고 결국 프로젝트를 포기해야 할지도 몰랐다. 그렇다고 그들의 제안을 덥석 받자니 나중에 공동특허에 발목 잡혀 영원히 기술독립을 못 한 채 일본의 기술 통제를 받는 것은 아닌지 우려가 되었다. 그와 같은 일은 상상도 할 수 없는 일이었다. 밤새워 고민해도 명쾌한 답이 나오지 않았다.

다음 날 회의장에서 이들의 제안을 받아들이는 모험을 단행했다. 밤새 생각해보니 이미 우리는 제품 제조에 관한 특허를 다량 확보하고 있었다. 제품 제조 과정에서 새로운 특허가 나올 것 같지는 않다는 생각이 들었다. 따라서 한번 모험을 해서라도 이 난관을 풀어나가야 한다는 절박감이 있었다. 2차 회의에서 협력 조건 및 협약서에 대한 논의를 추가로 하기로 하고 1차 회의를 성공적으로 마무리했다.

2000년 2월 구체적인 협력방안을 논의하기 위해 스미토모 금속 일행

6명이 우리 연구원을 방문했다. 주요논의 내용은 '몇 종류의 하나 피복관을 제조할 것인가? 비용은 어떻게 할 것인가? 지적재산권을 어떻게 할 것인가? 협약식은 어디서 할 것인가?'였다. 비용 문제에서는 많은 논의가 있었지만 최종적으로 스미토모 금속에서 무료로 만들어 주되 중간소재 비용은 우리가 지불하기로 합의했다. 지적재산권과 관련한 문제에서는, 냉간가공 기술은 스미토모 기술을 사용하므로 스미토모 소유로 하고, 합금 조성 및 열처리 기술은 우리가 특허권을 소유하고 있으므로 우리 소유로 하기로 했다. 단 공동협력에서 도출되는 새로운 기술은 양 기관이 공동 소유하기로 합의했다. 이렇게 우리는 목적을 달성하기 위해서 일본 회사와 위험한 동거에 들어가게 되었다.

공동연구 협약식은 당시 단장이었던 박창규 박사가 일본을 방문하여 협약식을 체결하기로 합의하여, 2000년 3월 27일 박창규 박사(16대 원장 역임), 정연호 박사(18대 원장 역임)가 함께 일본을 방문하여 협약식을 체결하였다.

이를 기점으로 우리의 프로젝트는 가속도가 붙어 빠른 진도를 보였다. 미국에서 제조하게 되는 중간 소재에 대한 상세 기술설명서를 작성해야 했는데, 경험이 없어서 어려움을 겪었지만 경험 많은 스미토모 Hagi 씨의 적극적인 지원으로 잘 극복할 수 있었다. 이 업무는 우리 팀 백종혁 박사가 담당해서 주도했는데, 백 박사 성격이 워낙 꼼꼼해 외국과의 협력에 있어서 실수 없이 원활한 진행을 할 수 있었다.

미국에서 일본으로 넘어온 중간소재는 일본 공장에서 튜브로 만들어지게 되는데 소재의 조성이 기존 소재와 다름에도 불구하고 스미토모의 노련한 노하우 기술을 적용하여 성공적으로 제품을 만들 수 있었다.

일본의 스미토모 금속과 공동연구 협약식, 2000년

▶▶▶ 15년의 기술격차를 넘을 수 있을까

맨 처음 일본 회사를 방문했을 때 기술회의를 마친 후 공장을 방문하여 실제 생산과정과 시설을 둘러볼 수 있는 기회가 있었다. 스미토모금속은 지르코늄뿐 아니라 특수강 튜브를 많이 생산하고 있었으므로 시설이 대단한 규모였고, 특히 연구 분야도 매우 활성화되어 있었다. 어느 실험실에 들어섰을 때 크립 시험기가 수백 대 놓여 있고 모든 기기들이 작동되고 있는 것을 보고 기가 죽었다.

공장을 안내하던 분은 이 공장이 2차 세계대전 때 폭격기를 만들던 공장이라고 알려주었는데 일본과 한국의 기술격차가 얼마나 큰지를 그 자리에서 느꼈다. 우리나라는 아직도 우리 손으로 전투기를 생산하지 못하고 있는데 일본은 50년 전부터 전투기를 만들었다고 하니 재료 분야나 항공기 분야에서는 적어도 50년 이상의 기술격차가 난다는 뜻이었다.

지르코늄 분야에서도 일본과 적어도 15년 이상의 기술 격차를 가지고 있었다. 그나마 지르코늄 소재개발 분야에서는 우리나라가 1997년부터 정부 지원을 받아서 연구를 시작했으므로 약간의 격차를 줄일 수 있었다.

출장을 마치고 돌아오면서 나는 많은 생각에 잠겼다.

'15년 이상의 격차를 따라잡을 수 있을까, 과연 그런 날이 올 수 있을까?', '열심히 하면 격차를 줄일 수 있겠지, 그리고 행운이 따른다면 일본을 앞설 날도 있겠지?'

나의 당돌한 열망에 대한 답변은 그로부터 10년이 지나 일본 연구자들을 만났을 때 듣게 된다.

연구개발 초창기 국제학회 등에서 나는 일본의 전문가들을 만나면 궁금한 것이 많아 많은 질문을 쏟아내었다. 이들을 통해 한 가지라도 더 배우기 위해서였다. 그런데 우리의 신소재가 계획대로 잘 개발되고 실험실 평가 결과와 할덴 시험결과, 상용로 시험결과 등을 국제학회에서 발표할 때마다 오히려 나의 질문 횟수는 점차 줄고 일본 전문가들의 질문 횟수가 늘어갔다. 일본 전문가들은 언제부턴가 내가 그랬던 것처럼 나를 만나기만 하면 하나 피복관의 성능과 앞으로의 진행상황, 기술적인 사항에 대해서 끝없이 질문을 했다. 일본은 산업체가 중심이 되어 신소재를 개발해 왔기 때문에 경험과 역사는 길지만 추진력과 연구 역량에 있어서는 우리를 따라오지 못하고 있었다.

스미토모, 미쯔비시 등 일본 원자력 관련 회사들은 각각 자기 회사의 고유 신소재를 개발하기 위해서 엄청난 노력을 해오고 있었다. 앞에서도 언급했듯이 지르코늄 신소재 개발은 많은 예산과 시간이 수반되고 위험성도 높아 개인회사에서 추진하는 데는 한계가 있다. 그래서 일본은 여러 회사가 신소재 개발에 뛰어들었지만 예산과 인력의 부족으로 세계 1등 신소재를 개발하지는 못하고 있었다. 한국에서 국가 주도하에 지르코늄 신소재를 개발하는 것을 알고 일본도 뒤늦게 국가가 주도하는 신소재 개발 프로젝트에 착수하게 되는데, 이것이 2001년에 시작된 J-Alloy 프로젝트이다. 이 국가 프로젝트는 일본 정부의 관리하에 산업체, 학교, 연구기관 등이 역할을 분담해서 연구를 추진하고 비용도 각자 지분으로 참여했다. 이 프로젝트는 실험실 평가, 상용로 검증 시험을 마친 것으로 알려졌으나 국제학회에서 10년이 지난 지금까지도 발표가 되지 않는 것을 보면 성공한 프로젝트는 아닌 것 같다.

현시점에서 우리의 기술수준을 일본과 비교 평가한다면 우리가 개발한 하나 신소재가 미국에서 개발한 신소재보다 성능도 우수하고 고유 특성도 가지고 있으므로 지르코늄 분야에서 만큼은 일본을 앞섰다고 말할 수 있다. 따라서 10년 전에 꾸었던 나의 꿈은 결코 허황되지 않았다는 것을 증명한 셈이다.

▶▶▶ 드디어 하나 제품이 들어오던 날

2001년 12월 22일, 1차 피복관 제품이 처음으로 우리 연구소에 도착했다. 함께 고생했던 팀원들은 조심스럽게 박스를 해체하고 처음 탄생한 하나 신소재 피복관을 만져보며 감회에 젖었다. 나를 비롯한 모든 팀원들이 그동안의 고생은 잊어버리고 감격의 기쁨을 나누었다. '하나'의 첫 탄생을 축하하기 위해 연구소 내의 간부들과 동료들을 초청하여 '하나 피복관 제조 성공기념 Open Lab' 행사를 실시하였다. 모든 분들이 어려운 고비를 넘기고 지금까지 달려온 우리 팀원들에게 진심 어린 축하를 보내주었다.

하나 피복관 제조 성공 기념 Open Lab

우리는 기쁨을 나눌 충분한 시간도 없이 2차 제품을 만들기 위한 준비에 들어갔다. 4종 합금(하나-3·4·5·6)을 추가로 제조해야 하는데 이는 1차 제조보다 어려울 것으로 예상되었다. 왜냐하면 하나-3과 4는 니오뮴이 1.5%나 들어있기 때문에 경도가 높아 냉간가공이 용이하지 않을 것으로 예상되었기 때문이다. 또한 세계 어느 지르코늄 회사에서도 이 같은 조성의 튜브를 만들어 본 경험이 없었다.

1차 때와 마찬가지로 미국에서 중간소재를 만들어 일본으로 이송한 다음 일본에서 튜브를 만들게 되어 있었다.

어느 날 일본의 Hagi 씨로부터 급한 메일이 왔다. 하나-4 합금은 성공적으로 튜브를 제조했는데 하나-3 합금은 제조가 안 된다며 해결방안을 알려달라는 내용이었다. 이메일을 받자마자 일주일 만에 백종혁 박사와 함께 일본으로 달려갔다. 원인을 검토해 본 결과, 하나-3은 니오븀 함량이 높은 데다 산소농도도 높아서 가공 중 균열이 발생하는 문제가 생겼다. 따라서 해결 방법은 이 재료를 연하게 만들어야만 했다. 그래서 높은 온도에서 추가 열처리를 실시하여 소재를 부드럽게 하는 방안을 제안하고 돌아왔다.

그런데 머릿속에 걱정 하나가 맴돌았다. 열처리 온도를 높일 경우 경도가 떨어져 가공은 쉬울지 모르지만 열처리 온도에 매우 민감한 성능의 특성 때문에 제품의 성능이 떨어지지 않을까하는 막연한 불안감이 앞섰다. 그렇다고 이제 와서 어떻게 하겠는가. 튜브를 만들 수 없다니 차선책을 선택할 수밖에. 우리는 이런 우여곡절 끝에 2차 제품도 성공적으로 제조하여 2002년 5월, 기대하던 하나-3·4·5·6 제품을 우리 연구실에서 만났다.

신소재 개발 과정의 전체 일정을 살펴보면 몇 가지 단계에서 성능에 크게 영향을 미치는 단계가 있다. 첫 번째 넘어야 할 과정은 실험실 평가 단계인데, 이 단계에서는 우수한 합금을 개발하고 선정하는 것이 매우 중요하다. 두 번째 단계는 피복관 튜브제품을 만드는 과정인데 성능이 변할 수 있기 때문에 제품의 성능이 떨어지지 않도록 사전에 철저히 준비해야 한다. 세 번째 단계는 연구로 시험인데 실험실 평가에서 아무리 성능이 우수해도 중성자 조건에서는 성능이 달라질 수 있기 때문에 연구로에서 시험 결과가 나오기 전까지는 성능을 확신할 수 없다. 네 번째 단계는 실제 원자력 발전소에서 최종 시험하는 과정인데 여기서도 원전의 가동조건이 다르기 때문에 성능이 변할 수 있다.

따라서 마지막 단계인 실제 원자력 발전소에서 최종 결과가 나오기 전까지는 마음을 놓을 수 없고 초조하지만 마음을 비우고 결과를 기다려야 하는 것이 개발자의 입장이고 운명이었다.

하나 신소재 시험장비

▶▶▶ 나도 모르는 사이 기술유출 범법자가 되다

일본에서 제품을 성공적으로 제조하여 국내에 들어오는 과정에서 있었던 일이다. 일본에서 제품을 완성했다는 소식을 듣고 제품이 들어오기만을 눈이 빠지게 기다리고 있었는데 어쩐 일인지 제품을 보냈다는 연락이 없었다. 왜 안 보내느냐고 스미토모사에 연락하니 지르코늄은 전략물자로 수출통제 대상 물질이어서 하나 제품을 한국에 보내기 위해서는 일본 정부의 수출허가를 받아야 한다는 것이다. 이런 절차를 밟느라 시간이 예상보다 오래 걸리고 있다는 이야기였다.

스미토모 금속이 일본 통산성에 수출허가를 신청하자 일본 통산성은 주한일본대사관을 통해 한국 외무부에다 하나 제품을 평화적으로 사용할 것에 대한 정부 차원의 각서를 요청하게 되었다.

외무부는 과기부에 이것이 어떻게 된 것이냐고 문의했다. 그동안 상황을 모르던 과기부도 원자력연구원에 상황을 보고하라고 했다. 우리는 급하게 자료를 만들어 당시 부장이었던 정연호 박사와 같이 과기부를 방문하여 상황을 설명했다. 당시 나는 외국에서 제품을 만들어 들여오는 과정에 대해 비록 기술적으로는 매우 어려운 과정이었지만 행정적으로는 단순할 것이라고 생각했다. 그러나 기술보다 앞서는 것이 행정처리라는 것을 그때야 알게 되었다.

우리가 주요 원천기술에 대해 특허를 확보한 상태이므로 외국으로 기술이 유출되는 것에 대해서는 걱정하지 않고 있었다. 또한 지난 몇 년 동안 미국에서 하나 피복관 원료인 순수 지르코늄을 구매하면서 미국 정부로부터 한 번도 한국 외무부에 보증각서를 요청받은 적이 없었기 때문에 매우 단순하게 생각했다. 미국과는 원자력협력협정이 이루어져 있어서 단순히 구매자의 '최종 수요자 증명서 (End User Statement)'만으로도 보증각서의 역할을 하지만 일본과는 원자력협력협정이 이루어져 있지 않기 때문에 반드시 양국 간 원자력 품목이 오갈 때는 정부 측의 보증각서가 요구된다는 것을 사건이 터지고 난 후에야 안 것이다.

일본 외무부는 한국 외무부에 보증각서를 요구했다. 연구개발과 관련된 국제협력 사항은 과기부 보고사항이 아니므로 우리는 그동안의 과정을 과기부에 보고하지 않은 상태였다. 뒤늦게 이런 진행상황을 알게 된 과기부 담당 공무원은 화가 무척 나 있었다. 우리도 일본 측에 보증각서를 요구해야 하는데 우리가 요구할 것이 무엇이냐고 물어오는 것이다. 과기부 담당 공무원의 말에 의하면 외교 문서는 항상 상호 동등한 입장에서 이루어지기 때문에 한국만 보증각서를 써줄 수 없다는 것이다.

특별히 요청할 것이 없다고 하니 우리가 일본 측에 제공한 것이 무엇인지 모두 이야기하라고 한다. 하나 피복관을 만들어 달라는 제조설명서를 이메일로 제공했다고 하니, 제조설명서가 전략물자인지 확인해 보겠다고 했다. 얼마 후 과기부 공무원은 제조설명서는 전략물자이므로 이는 반드시 사전에 정부 허가를 얻어야 하는데 정부 허가를 받지 않고 일본에 제공했으니 전략물자수출규정을 위반했다는 것이다. 그래서 나는 법적 처벌을 받아야 하며, 한국 정부는 그 문서를 평화적으로 사용하겠다는 일본 정부 보증각서를 요청하겠다는 것이다.

오랫동안 연구원 생활을 하면서 물품 구매도 해 보았고 물품구매 시에 구매명세서, 제조설명서를 외국 업체에 제공해 왔지만 이것이 기술유출에 해당되는지는 전혀 모르고 있었다. 당하고 나니 어이가 없었다. 이 건과 관련하여 관련 규정도 찾아보고 원자력연구원 내의 관련 전문가에게 문의도 해 보았지만 결론은 기술유출이라는 것이다.

전략물자통제규정에 의하면 설계문서, 도면 등을 외부에 제공하는 것은 당연히 기술유출에 해당되며 사전에 협력을 타진하기 위해 이메일로 자료를 주고받는 행위 역시 모두 기술유출에 해당된다고 한다. 이러한 사항을 나만 모르고 있었는지를 확인하기 위해 다른 연구원, 과제 책임자, 통제팀에 문의해 보았더니 역시 이런 사항을 인지하고 있는 사람이 거의 없었다. 사전 지식이 없어 저지른 실수와 관련하여 연구소 측에서는 원장을 비롯한 대부분의 사람들이 이해를 해 주는 분위

기여서 특별한 처벌 없이 지나가는가 싶었다. 그러나 과기부는 공문을 보내어 나를 중징계하란다. 원자력연 측에서는 대부분의 연구원들이 이런 사항을 몰라 일어난 일이므로 원자력연구원 내의 시스템을 보완하여 다시는 이런 일이 발생하지 않도록 하겠으니 개인의 중징계는 면하게 해 달라고 요청했다.

이 일 이후 전 연구원을 대상으로 전략물자 통제 관련 세미나와 교육을 강화하게 되었다. 또한 국제협력 및 국제공동연구 추진 시에는 반드시 사전에 통제 기술 여부를 사전 판정하는 행정 시스템을 보완하게 되었다.

지금도 많은 연구원들은 눈에 두드러지는 우라늄 같은 핵물질에 대한 통제는 잘 인식하고 있지만 판정이 애매한 이중 용도 품목에 대해서는 잘 알지 못하고 있다. 특히 이와 관련된 기술이 사전허가 대상인지 알고 있는 사람은 많지 않다. 관련 기술이 해석상 애매한 면이 있어 전문가들만이 판정을 내릴 수 있기 때문이다. 연구자로서 연구를 성공시키기 위해 외국으로 쫓아다니는 것도 중요하지만 나중에 실정법 위반으로 처벌을 받지 않으려면 외국과 연락하는 모든 내용은 사전에 통제허가를 받아야 할 것이다.

그런데 이메일로 주고받는 내용까지 정부 허가를 받고 추진하라면 일을 하지 말라는 것과 다름없다. 연구에 열중하다 보면 애매한 규정 때문에 본인도 모르는 사이 규정 위반자가 되는 상황이 벌어질 수 있다. 이 사건과 관련해 연구원 측에서는 과기부를 설득했고, 나도 여러 차례 과기부를 찾아가서 이해시키려고 노력했다. 그 덕분에 중징계는 면하고 경징계 수준에서 마무리하게 되었다.

처음으로 들어온 하나 신소재 피복관을 점검하는 동료들

▶ ▶ ▶ 외국 제품보다 월등히 우수한 하나

1단계 실험실 평가에서 성능이 우수했다고 해서 2단계인 제품단계에서도 성능이 우수할 것이라고는 아무도 장담하지 못한다. 제품제조 단계는 실험실과 제조시설도 다르고 제조공정도 다르기 때문에 동일 조성, 동일 조건의 제조 변수를 적용했다고 해도 실험실에서 만든 시편과는 동일한 물질이 만들어지지 않기 때문이다. 상용급 제품은 성능이 변할 수 있으므로 개발자 입장에서는 성능평가 결과가 나올 때까지는 편히 잠을 잘 수 없다. 성능평가 결과가 잘 나오지 못할 경우엔 원점부터 다시 시작해야 하기 때문에 항상 초조한 마음이다.

2001년 1차 제품이 들어오자마자 나는 연구 내용, 시험절차서, 추진계획 및 연구팀을 재정비하였다. 우선 연구해야 할 항목을 재정리했다. 신소재 개발 단계에서 판재 시편을 갖고 하던 연구항목과 튜브 제품을 갖고 하는 시험 항목은 많이 달랐다. 피복관 튜브로 하는 성능시험 평가 결과는 추후 상용원자로 검증시험을 위한 인허가 자료로 활용되기 때문에 철저한 품질기준에 입각해서 시험을 해야 했다.

성능시험 항목은 크게 부식, 기계적 특성, 크립 특성, 피로 특성, 마모시험, 미세조직, 기초 물성 시험 등으로 나눌 수 있는데 한 항목마다 2~3개 다른 조건에서 시험해야 하기 때문에 시험항목만 나열해도 약

30개의 다른 시험을 수행해야 한다. 예를 들어 부식시험을 할 경우 4가지 다른 조건에서 1,000일의 시험을 해야 한다. 많은 시험 장비와 시험 인력, 시험 비용이 들고 장기간의 시험이 필요하므로 철저한 계획과 진도 관리가 수반되지 않으면 연구를 성공시키기 어렵다.

우선 시험 장비와 시험절차서를 품질보증 요건에 맞추어서 재정리했다. 그리고 과제진도관리시스템을 전체 시험 항목에 대해 작성했다. 이 때부터 내가 사용했던 과제진도관리시스템은 그 후에도 과제관리를 위한 매우 유용한 도구로 사용되었으며 프로젝트를 성공적으로 이끄는 데 많은 도움이 되었다.

다음으로 모든 팀원들의 전문성과 특성을 고려하여 연구항목을 각각의 팀원들에게 할당했다. 하나 신소재 개발과제는 거의 모든 일이 실험을 해야 하는 하드웨어 연구이므로 많은 인력이 필요했다. 정규직 신입 직원을 새로 채용하기가 어려운 상황이어서 타 부서에서 박상윤 책임연구원, 이명호 책임기술원, 남철 선임연구원 등이 추가로 연구팀에 합류했다. 그리고 학생연구원 인력을 최대한 활용할 수밖에 없었다. 하나 신소재 개발 연구는 아마 연구소 내에서 학생연구원 인력을 가장 효율적으로 활용해 과제를 성공적으로 이끈 대표적인 사례가 되지 않을까 생각한다.

이렇게 재정비된 연구내용과 연구팀을 중심으로 약 3년에 걸쳐 성능시험을 집중적으로 수행하게 되는데 시험 항목은 많고 연구 인력은 부족하여 일부 평가항목은 위탁과제로 추진하여 보완했다. 하나 신소재 피복관의 인허가 자료를 구축하기 위해서는 새로운 조성의 하나 피복관에 대해 모든 기초물성 자료를 구축해야 했다. 기초물성 시험 내용이 너무 많아 자체적으로 수행하기에는 한계가 있어 대학과 협력하여 연구를 추진했다. 주요 성능 평가에 모든 팀원들이 달라붙어서 3년 동안 밤낮을 가리지 않고 연구에 열중했다. 당시 모든 팀원들은 하나 신소재 피복관에 대한 애정과 열정이 남달랐기에 많은 어려움도 정신력으로 버텨내 주었다.

여러 가지 성능평가 항목 중 부식시험 결과가 매우 중요한데 부식 특성상 200일 이내의 시험기간 내에서는 우열을 가리기가 어렵다. 약 300일 이상이 지나면서 하나 피복관은 미국에서 개발한 ZIRLO 피복관보다 우수한 성능을 보이기 시작했다. 500일 시험이 지나면서 부식성능의 격차는 점점 커져서 하나 신소재는 미국 제품보다 2배 우수한 성능을 보였다. 부식성능뿐 아니라 모든 시험평가 항목에서 미국 제품보다 우수한 성능을 보였다. 2단계인 제품평가에서 조바심 냈던 나로서는 그제야 한숨을 돌렸다.
성능 결과가 좋게 나오자 내 머릿속에서는 이미 다음 단계를 준비하고 있었다.

과학기술부 우수 연구성과 50선 포상식장에서, 2006년

▶▶▶ 오랜 친구 Hagi씨, 그에게 진 마음의 빚

수년 동안 일본의 스미토모 금속과 국제협력을 추진하면서 기억에 남
는 일본인 친구가 있다. 내가 처음으로 일본회사를 방문했을 때 기술
적인 설명과 회사 안내를 친절하게 해주었던 Hagi 씨이다. 그는 공동
연구의 일본 측 창구가 되어 우리를 적극적으로 도왔고, 1주일에 두세
번씩 나와 이메일을 주고받으며 1년에도 수차례 만났다. 처음 공동연
구를 추진할 당시부터 회사를 대변해서 적극적으로 우리를 도와주었
고 진행과정에서도 매우 꼼꼼하게 우리에게 기술을 알려 주려고 노력
했던 좋은 친구였다. 나이는 나보다 한두 살 위인 것으로 기억하는데
거만하지 않고 진실되게 우리를 대하며 어려움에 봉착할 때마다 적극
적으로 나서서 어려움을 해결해 주었던 사람이었다. 수년 동안 한국,

일본에서 자주 만나고 미국 출장도 같이 다녀오면서 더욱 친해졌다. 그런 고마운 친구에게 내 의지와는 상관없이 영원히 갚지 못할 빚을 지는 상황이 벌어지게 되었다. 스미토모와 협력이 진행되면서 다른 사람을 통해 간접적으로 들은 이야기가 있다. 다른 회사에서 아무도 우리와 협력하려고 하지 않을 때 스미토모가 나서서 우리와 협력을 추진한 배경에는, 한국시장에 진출하겠다는 의지와 우리와의 협력을 한국시장 진출을 위한 전략으로 삼겠다는 비즈니스적 계산이 있었다고 한다. 일본이 지리적으로 가까우면서 한국시장에 진출하지 못한 것은 그동안 한국의 원자력기술이 미국 기술에 기반하여 발전되어 왔고 미국 회사들이 한국시장을 선점하고 있었기 때문이다. 그러나 지르코늄 신소재 분야만큼은 미국이나 유럽에 앞서 한국시장을 점령하고 싶었고, 이런 협력 관계를 한국시장 확보의 교두보로 삼고자 했던 것이다. 한국에는 제품 제조회사가 없기 때문에 이 프로젝트가 성공하면 당연히 스미토모는 공급선이 될 수 있다는 확신이 있었다고 한다.

그런데 공교롭게도 수년 후에 한국의 핵연료 회사에서 미국 회사와 협력하여 지르코늄 튜브 제조공장을 설립하게 되었다. 그 때문에 스미토모는 공급선이 되겠다던 기대도 잃었을 뿐더러 더 이상 한국과 협력하거나 제품을 공급할 수도 없게 되었다. 공동연구 과정에서 중요한 이슈가 되었던 공동특허라도 도출될 수 있었으면 이런 지적소유권을 가지고 어려운 상황을 돌파할 수 있을 것으로 예상되었다. 그러나 불행히도 공동연구과정에서 특허는 한 건도 발생하지 않았다.

일본과의 공동연구가 끝나고 나는 다음 단계인 원전에서의 검증시험을 위해 국내외적으로 뛰어 다니느라 수년 동안 Hagi 씨를 잊고 살았다. 어느 날 갑자기 그 친구가 생각이 나서 연락해 보니 연락이 되지 않았다. 그 친구가 아니었다면 프로젝트를 포기해야 했을 정도로 중요한 도움을 받았는데 급한 볼일 다 봤다고 잊고 살았다는 것이 너무 부끄럽고 미안했다. 이리저리 안면 있는 사람을 통해서 알아보니 Hagi 씨는 스미토모에서 퇴직하고 작은 하청 회사에서 근무한다고 한다. 이 소식을 듣는 순간 나는 죄인이 된 기분이었다. 혹시 우리와의 공동연구에서 이득이 없자 책임을 지고 떠난 것은 아닌지 걱정이 앞섰다. 그의 상황이 매우 궁금했고 너무 미안한 마음이었다. 가슴 속에 무거운 짐을 진 것만 같았다.

그 후 일본으로 출장 갈 기회가 생겨서 이리저리 수소문한 끝에 Hagi 씨에게 연락을 했고, 한 번 만나기로 약속을 했다. 출장가기 전에 일본 사람들이 좋아하는 인삼, 화장품 등의 선물을 한 보따리 준비했다. 교토의 어느 식당에서 저녁 식사를 함께하며 지난날의 일들을 추억으로 이야기했다. 오랜 시간 이야기를 나누었지만 내 가슴속의 짐은 가벼워지지 않으니 왜 그런 것일까. 지금도 나는 그 짐을 내려놓지 못하고 있다.

전력경제

2007년 11월 12일

정용환 박사

원전 기술독립국 '꿈을 현실로'

국산 핵연료피복관 상용원전 장전 최종 검증 실시

순수 국내 기술로 개발한 핵연료 피복관이 처음으로 가동 중인 상용 원전에 장전돼 최종 성능 검증을 받는다. 원자력 기술자립 과정에서 난공불락으로 남아있던 핵연료 피복관 분야로 해외기술 종속을 벗고 원천기술을 확보하려는 10년 노력이 이룬 개가다.

한국원자력연구원 첨단노심재료개발랩 정용환 박사팀은 자체 개발한 고성능 지르코늄 합금 '하나(HANATM) 피복관'으로 제조한 시범 연료봉 30개를 영광원전 1호기에 장전, 이달 중순부터 오는 2012년까지 약 5년간 1단계 상용로 연소시험을 실시한다고 밝혔다.

국내 상용 원전에 순수 국내 기술로 만든 핵연료피복관이 장전된 것은 지난 1977년 고리 1호기 가동으로 우리나라가 원자력 발전을 시작한 지 30년 만에 처음이다.

핵연료 피복관은 우라늄 핵연료를 감싸고 방사성 물질이 외부로 나오지 못하도록 막아주는 1차적인 방호벽이자 핵분열 연쇄반응에서 발생하는 열을 냉각수에 전달하는 기능을 하는 핵심적인 부품이다.

고온 고압의 원자로 환경에서 견딜 수 있도록 부식저항성, 변형저항성이 강하고 중성자 흡수성이 낮으면서도 우라늄

핵연료가 효과적으로 연소되도록 고연소도의 성능을 발휘해야 하기에 재료공학은 물론 원자력과 기계, 물리, 화학 등을 아우르는 첨단 기술이 요구돼 미국, 프랑스 등 소수 선진국이 세계 시장을 독점해 왔다.

정 박사는 지난 1997년 국산 핵연료피복관 착수, 700종에 달하는 후보 합금에 대한 방대한 기초연구를 토대로 합금 선별과 평가시험, 합금 설계 및 제조공정 과정을 거쳐 2000년 순수 국내 기술로 고성능 지르코늄 합금을 개발하는데 성공했다.

이어 2001년에는 기존의 상용 피복관은 물론 외국의 거대 핵연료 회사들이 개발한 최신 신소재 제품보다도 50% 이상 성능이 향상된 '하나 피복관' 시제품을 만들어냈다.

2004년부터는 노르웨이 할덴 연구용 원자로에서 연소시험을 시작, 약 3년의 연소시험을 마친 결과 기존 상용 피복관 대비 50% 이상 향상된 우수한 성능을 재확인했다.

이에 한국수력원자력, 한전원자력연료와의 공동으로 시범 연료봉을 제작해 이번 상용 원전 실증 시험을 수행하게 됐으며 상용로 연소시험 1단계를 통과하면 집합체 단위의 연소시험을 거친 뒤 오는 2016년부터 국내 원전에 상용 공급될

전망이다.

핵연료 피복관은 개발에 엄청난 시간과 비용이 요구돼 미국 웨스팅하우스, 프랑스 아레바 등이 세계 시장을 장악하고 있다.

원자력발전소의 연료인 핵연료 부품 가운데 가장 중요한 위치를 차지함에도 불구하고 아직 국산화가 완성되지 않은 유일한 부품으로 국내 원전 20기에 소요되는 핵연료 피복관 수입 비용만 연간 300억원에 달하는 실정이다.

정 박사는 "체계적이고 치밀한 합금 연구를 통해 기존에 개발된 피복관 재료와 차별화되고 독자소유권을 갖는 신 합금 조성을 찾아냄으로써 10~15년의 격차를 극복하고 선진국과 대등한 기술력을 확보하는데 성공했다"며 "국내와 미국 일본 유럽 중국 등에 30여 건의 특허를 등록함으로써 해외 기술 종속에서 탈피하고 향후 핵연료 피복관을 해외에 수출할 수 있는 기반을 마련했다"고 말했다.

국내 유일의 핵연료 제조회사인 한전원자력연료(주)가 건설 중인 핵연료피복관 제조공장이 2008년 완공되면 본격 상용 공급체계를 갖추게 돼 연간 500억원의 수입대체 및 수출 효과가 기대되고 있다.

김성용 기자
/ksw10@epetimes.com

핵연료 피복관 개발 성공 기사. 2007.11.12. 전력경제 보도

결국 상용원전에서의 검증시험은 더 이상 하기 어렵다고 판단하고 다른 방안을 찾았다. 우리는 상용 원전이 아닌 연구용 원자로에서 검증하는 방안에 대해 면밀한 조사를 실시했다. 핵연료가 장전된 하나 신소재 피복관을 검증·시험할 수 있는 세계의 여러 연구용 원자로를 조사한 결과 몇 개의 연구로에서 가능하다는 것을 알게 되었다.

08
Chapter

하나가 노르웨이로
간 까닭

하나가
노르웨이로
간 까닭

▶ ▶ ▶ 국내에서는 안 됩니다.
　　　 외국에서 검증시험부터 하고 오시오

원전 선진국인 미국과 프랑스 등에서는 새로운 신소재 피복관 제품
에 대한 성능 평가가 완료되면 마지막으로 상용원전에 장전하여 성능
을 검증한다. 즉 신소재 개발 → 피복관 성능평가 → 상용원전 검증시
험의 3단계 과정을 거치게 된다. 우리도 연구개발 초기부터 이런 과정
을 거쳐 독자 소유권의 신소재 피복관 개발을 완성하려는 로드맵을 세
운 바 있고 지금까지 여러 고비를 넘기며 로드맵에 따라 연구를 진행
해 왔다. 따라서 이제 남은 것은 개발의 마지막 단계인 상용 원자력발
전소에서의 검증시험이었다.

이를 추진하기 위해서는 1차적으로 핵연료 제조회사인 한전원자력연
료의 동의를 얻어야 한다. 한전원자력연료가 하나 신소재 피복관을 상

용원전에서 우리와 공동으로 검증시험을 실시해 성능이 우수하면 한전원자력연료의 미래 핵연료 소재로 사용하겠다는 강한 의지를 보여주어야 했다. 그래서 관련자를 만나 설명하고 공동으로 상용원전 검증시험을 추진할 것을 제안했지만 별 관심을 보이지 않았다.

관심을 보이지 않았던 이유는 안전성과 관련한 충분한 데이터를 확보하지 못한 상태에서 한수원을 설득시키기 어려울 것으로 판단해서일 수 있다. 그리고 당시에 지르코늄 피복관 제조 공장 설립을 위한 대형 사업을 추진하고 있었기 때문에 여기에 온 역량을 집결하기 위해서일 수도 있다. 그때 한전원자력연료는 이런 대형 사업을 정부과제와 연계하여 추진하기 위해 한수원과 산자부를 설득하려는 노력을 회사 차원에서 강력하게 추진하고 있었다. 그러나 무슨 이유에서인지 한수원에서 강하게 반대해 이 사업은 제대로 추진할 수가 없었다.

정부는 본격적인 정부과제를 시작하기 전에 사업의 타당성 연구를 먼저 하라는 지시를 내렸다. 그래서 사업 타당성 연구를 수행하게 되는데 나도 지르코늄 전문가로 참여하여 과제의 타당성과 필요성 등을 설명하며 정부과제가 본격적으로 추진될 수 있도록 노력했다. 그 후 한전원자력연료가 추진하던 지르코늄 피복관 사업이 정부사업으로 선정되었고 이 사업에서 우리도 제2 과제로 참여하여 하나 피복관의 고유 공정을 개발하기 위한 연구를 함께 추진하게 되었다. 그 후 5년 동안 성공적으로 과제가 진행되어 국내에서 지르코늄 피복관 제조공장이 건설되고 완공되어 가는 과정을 지켜볼 수 있었다.

하나 피복관 상용원전 검증시험과 관련하여 한전원자력연료의 전문가들과 오랜 토의 끝에 동의를 얻어 함께 검증시험을 추진하기로 협의하였다. 그 후 한수원의 담당자를 찾아가 우리의 계획을 설명했다. 그러나 설명이 끝나기도 전에 우리에게 돌아온 대답은 "NO"였다. 한수원은 검증도 안 된 신물질은 절대 상용원전에 장전할 수 없다고 했다. 외국에 가서 국내 원전과 동일한 조건에서 검증시험을 마치고 오면 그때 가서 이야기를 해보겠다는 입장이었다. 더 이상 말도 못 꺼내게 하는 한수원 담당자가 야속했지만 한편으로 입장 바꿔 생각하면 충분히 이해가 가는 상황이었다. 원자력 발전소를 무엇보다 안전하게 운영해야 하는 한수원 입장에서 보면 국내에서 개발했다고는 하지만 아직 실험실 시험자료만 확보한 채 원자로 시험 경험도 없는 신소재 피복관을 상용원전에 장전하겠다고 하니 어이가 없었을 것이다. 내가 한수원 담당자의 위치에 있었더라도 신중하게 생각해서 단호하게 반대했을 것이다.

그렇다면, 국내에서 개발한 신제품의 검증시험을 국내에서 거부한다면 누가 해준단 말인가? 앞이 보이지 않았다.

많은 시간을 고민하다 결국 국내 상용원전 검증시험이 불가능하다고 판단하고 다른 방법을 찾아보기로 했다. 국내에서 어려우니 외국에서 검증시험을 해야 하는데 국내에서 반대하는 시험을 외국 원전에서는 가능하겠는가 하는 생각을 하면 답이 보이지 않았다. 미국과 프랑스의 신소재 피복관 개발 과정을 면밀히 살펴보면 모두 자국의 상용원전에서 최종 검증시험을 했다는 것을 기록을 통해 볼 수 있다.

그러나 일본 미쯔비시 중공업에서 개발한 MDA 피복관이 자국이 아닌 스페인의 원자력발전소에서 검증시험을 했다는 사실을 알게 되었다. 나는 즉시 미시비시사의 관련자와 접촉을 시도했다. 미쯔비시사의 핵연료 개발 총책임자에게 이메일을 보내어 국제 협력을 추진하자는 의사를 타진해 책임자를 만나 이야기를 나누게 되었다. 일본으로 달려가 미쯔비시 중공업의 본사에서 협력방안에 대한 회의를 했다. 피복관 제조 공장이 있는 미쯔비시 금속도 방문하여 제조시설을 둘러보기도 했다. 그러나 한국에 돌아오기 전 열린 최종 회의에서 양 기관의 시각차가 매우 크다는 것을 알게 되었다.

미쯔비시사는 스페인 핵연료 회사인 ENUSA와 협력하여 스페인 원자력발전소에서 검증시험을 실시하고 있으며 2차 노내 검증시험 계획도 갖고 있었다. 그들은 한국이 단순히 자기네 프로그램에 비용을 분담하고 들어와서 같이 수행하기를 원하고 있었다. 이런 제안을 내가 받아들이기에는 너무 큰 부담이었다. 우리가 개발한 하나 피복관을 미시비시를 통해서 스페인 상용원전에 넣을 수 있는 방안을 제안해 보았다. 양 기관의 시각차가 큰 것을 알면서도 미시비시 담당자는 예의 차원에서 도울 방법을 찾아보겠다고 했다. 한국에 돌아와 좋은 소식을 기다렸지만 우리의 제안을 받아들이기 어렵다는 대답만 돌아왔다.

결국 상용원전에서의 검증시험은 더 이상 하기 어렵다고 판단하고 다른 방안을 찾았다. 우리는 상용 원전이 아닌 연구용 원자로에서 검증하는 방안에 대해 면밀한 조사를 실시했다. 핵연료가 장전된 하나 신소재 피복관을 검증·시험할 수 있는 세계의 여러 연구용 원자로를 조사한 결과 몇 개의 연구로에서 가능하다는 것을 알게 되었다. 즉시 체코, 벨기에, 스웨덴, 노르웨이의 연구로 책임자들에게 우리의 의사를 제안하는 메일을 보내 협상을 시도했다. 메일이 몇 번 오고 간 후에 유럽의 4개 연구로를 방문하여 상세한 협상을 추진하게 되었다.

2주간의 출장을 통해 4개 기관을 방문하게 되는데 처음으로 간 곳이 체코의 NRI 원자로였다. 체코 연구로는 여러 가지 재료시험 경험은 많았으나 원자력발전소와 같이 핵연료를 직접 연소하면서 시험하는 검증시험 경험은 없는 상태였다. 2일간 회의를 하며 우리의 계획을 충분히 설명하자 그들은 경험은 없지만 우리의 시험을 할 수 있는 충분한 기술을 보유하고 있음을 보여주려고 애를 썼다. 떠나는 날까지 관심을 보이며 꼭 협약을 맺어 하나 피복관의 검증시험을 해보고 싶다는 의지를 강하게 보여주었다. 하지만 체코의 상황을 보니 연구로를 운영하고 있지만 자국에서도 연구 활동이 많지 않고 외국으로부터도 시험 의뢰가 거의 없어 연구로 운영을 효율적으로 하지 못한다는 인상을 받았다. 그런 상황에서 우리가 찾아갔으니 어떻게든 우리를 붙잡아 새로운 시험 경험도 쌓고 운영상 돌파구도 찾아보고 싶었을 것이다.

외국에서 검증시험을 할 경우, 우리는 프로젝트를 성공시키기 위해 해당 기관의 기술력을 우선으로 평가해야 했고 또 한편으로는 비용 측면도 고려해야 하는 입장이었다. 이런 관점에서 볼 때 체코의 연구로는 비용은 적게 들지 모르지만 기술력에서는 약점을 드러내고 있었다.

다음 방문한 곳은 벨기에 SCK/CEN이 운영하는 BR-2 연구로였다. 벨기에 원자력연구소는 브뤼셀에서 약 1시간 거리에 있는 Mol이라는 조그만 도시에 위치하고 있어 찾아가기가 매우 어려웠다. BR-2 연구로는 미국의 웨스팅하우스에서 개발한 ZIRLO 신소재 피복관을 검증시험한 곳이어서 특별한 관심을 갖고 갔다. 연구소 담당자들은 자신들의 경험과 기술력의 장점을 강조하며 자랑했다. 그런데 내가 방문한 취지를 설명하고 당신들의 연구로를 이용해 하나 신소재의 검증시험을 하고 싶다고 하니 반응이 영 시큰둥했다. 한국의 기술력을 신뢰하지 못하는 태도였다. '너희들이 무슨 신소재 피복관을 개발하느냐? 개발한 신소재의 성능은 좋으냐? 너희들이 시험비용을 지불할 만큼 돈이 있느냐?' 하는 식으로 약간 무시하는 모습이었다.

그들은 예산을 확보하고 있는지에 대해 몇 번을 물었다. 세계 최대 원자력 기업만 상대해서인지 한국에서 왔다고 하니 우리를 무시하는 듯했다. 현재 예산이 확보된 것은 아니지만 타당성만 있으면 예산을 확보할 가능성이 높고 예산 확보를 위해서라도 정확한 견적서가 필요하니 비용에 대한 자료를 보내 달라고 요청하고 씁쓸한 마음으로 이곳을 나왔다.

다음으로 방문한 기관은 노르웨이 원자력연구소가 운영하는 할덴 연구로였다. 노르웨이 할덴 연구로는 국제공동프로그램을 통해 이미 우리나라와 교류를 하고 있어서 사전에 많은 정보를 갖고 있었다. 여기서 일하는 연구원들과도 국제학회를 통해 사전 교류가 있는 상태였으므로 처음으로 방문했지만 왠지 낯설지가 않았다.

먼저 우리가 개발한 하나 신소재의 성능과 앞으로의 계획을 설명하고 할덴 연구로에서 성능검증을 하고 싶다고 제안했다. 할덴 연구로 측은 그동안 수행해 왔던 연구경험과 시설을 보여 주며 우리가 제안한 사항에 대해 원하는 시험을 해줄 수 있다는 자신감을 보여 주었다. 2일간의 심도 있는 기술회의가 끝나갈 무렵 나는 대략적인 시험비용을 물어보았다. 그들은 일본이나 미국 측과 계약했던 경험을 예로 들면서 비용을 제시했는데 내가 생각했던 것보다 훨씬 많았다. 마음속에 큰 짐을 안고 그곳을 떠났다.

마지막으로 방문한 곳은 스웨덴의 스투스빅(Studsvik)이 운영하는 R2 연구로였다. 스투스빅 연구소는 옛날에는 정부가 지원했던 연구소로 근무인력이 1,000명이 넘었는데 현재는 민영화가 되어 약 200명 정도의 인력이 근무하고 있었다. 스톡홀름에서 2시간 기차를 타고 니쇼핑(Nykoping)이라는 도시에 내려서 다시 택시를 타고 40분 정도 가면 아름다운 숲속에 위치하고 있는데, 과거의 화려했던 흔적은 남아 있지만 현재는 매우 초라한 모습이었다. 스웨덴의 R2 연구로는 일본의 산업체에서 의뢰를 받아 많은 시험을 한 경험이 있었다.

우리가 추구하는 장기간의 검증시험보다는 단기간에 시험하는 안전성 평가 시험을 주로 해 온 장점이 있었다. 안전성 시험에서는 세계에서 가장 많은 경험과 최고의 기술을 보유하고 있었으며 이에 대한 대단한 자신감을 갖고 있었다. 그러나 우리가 제안한 시험을 하려면 시설변경이 필요했고 다른 시험에 영향을 미치므로 쉽지는 않을 것 같다는 인상을 받았다. 결국 기술력과 비용 측면을 고려할 때 크게 매력을 느낄 수 있는 연구로는 아니었다.

2003년 처음 방문했던 스투스빅은 하나 신소재 피복관 검증시험은 못
했지만 그 후 스투스빅이 주도적으로 추진한 국제협력 프로그램에 우
리가 가입함으로써 지금까지 협력관계를 유지해 오고 있다. 나는 국제
협력 프로그램의 한국 측 대표로 수차례 스투스빅을 방문한 적 있다.
한국 측 컨소시엄으로 참석하고 있는 한전원자력연료, 원자력안전기
술원의 여러 연구원들도 지금까지 많은 교류를 해오고 있으며 앞으로
도 계속 공동연구를 추진할 예정이다.

▶▶▶ 노르웨이 할덴 원자로와 6년 시험 계약

노르웨이는 전기를 생산하는 원자력발전소가 하나도 없는 나라이다.
피오르드가 많은 지형적 장점을 이용해 전기의 95% 이상을 수력으로
생산하기 때문에 원자력발전소를 건설할 필요가 없다. 그들이 보유한
조그만 연구용 원자로는 전기를 생산하기 위해서가 아니라 펄프산업
을 육성하기 위해 도입된 것이었다.

노르웨이는 나무가 많아 한때 펄프산업이 발달했다. 나무를 이용해 종
이를 만드는 과정에는 스팀이 필요한데, 스팀을 핵분열 열을 이용해
공급하자는 차원에서 작은 연구로를 건설하게 된 것이다. 이런 용도로

연구로를 이용해 오다가 노르웨이 펄프산업이 쇠락하면서 연구로가 더 이상 필요 없게 되었다. 연구로의 용도를 고민해 오던 노르웨이 정부는 연구로를 실험 전용으로 바꾸게 된다. 즉, 전 세계적으로 많은 새로운 기술, 재료, 핵연료 등이 개발되는데 개발된 신기술을 상용 원자력발전소에서 최종 검증하기에는 어려움이 따르기 때문에 이런 실험을 주도적으로 수행해 주고 돈을 버는 방향으로 용도를 전환한 것이다.

1958년에 가동을 시작했으니 이제는 60년이 되었다. 10여 년 전에 50주년 행사를 보고 많이 부러웠는데 60년까지 운영할 수 있다니 우리도 이런 노하우를 배워야 할 것 같다. 우리는 40년 된 고리 1호기를 중지시켰다. 복지 선진국에서 60년 이상을 운영하는 데에는 우리가 모르는 국민성, 문화, 국가 신뢰도, 운영 노하우 등이 있을 것으로 생각된다. 현재 국내에서 일어나고 있는 탈원전 분위기를 다시 한번 생각하게 한다.

하나 신소재 피복관 노내 검증시험 파트너를 찾기 위해서 4개 기관을 방문하고 돌아오면서도 쉽게 답을 얻을 수가 없었다. 기술적인 측면과 비용적인 측면을 고려하여 4개 기관을 정확히 평가했다. 할덴 원자로가 기술적인 측면에서는 우수하지만 상대적으로 많은 시험 비용을 요구하기 때문에 정부과제를 수행하는 나의 입장에서는 결정하기가 쉬운 상황은 아니었다. 따라서 1순위는 노르웨이 원자로, 2순위는 스웨덴 원자로로 결정하고 다음 단계를 추진해 나갔다.

두 개 기관에서 받은 대략적인 견적서에 의하면 향후 5~6년 동안 검증시험에 약 50~60억 원이 소요되기 때문에 이런 예산을 확보할 수 있느냐가 관건이었다. 출장에서 돌아와 당시 대과제 책임자였던 정연호 박사께 상황을 보고했다. 기술적인 측면에서는 할덴 원자로에서 시험하는 것이 유리하지만 비용이 문제라고 보고하였다. 정 박사께서는 매년 10억 원 정도 확보하면 가능할 것 같으니 일단 할덴과 협상을 추진하고 예산 확보는 차후에 노력해보자고 하셨다. 이에 힘을 얻어 나는 할덴과 본격적인 협상을 추진했다.

우선 시험 대상 피복관은 하나 신소재 피복관 5종(하나-2·3·4·5·6)과 참조합금으로 선정했다. 시험 연료봉 제조와 관련하여 우리는 피복관만 제공하고 할덴 측에서 우라늄 핵연료를 제조하여 시험 연료봉을 만드는 것으로 협의했다. 시험 연료봉은 결과의 신뢰도를 위해 6종 피복관을 장전하기로 하고 추가로 기초연구를 위해 시험편을 장전하기로 했다. 시험 조건은 국내 표준원전과 동일한 수화학, 동일 열수력 조건에서 시험하는 것으로 결정했다.

시험조건 설정에서 가장 어려웠던 점은 시험기간 설정 관련 협상이었다. 우리가 개발한 하나 신소재 피복관은 향후 국내 상용원전에서 사용을 목표로 하고 있으므로 상용원전의 연소도까지 검증시험을 해야 했다. 따라서 나는 5년 내에 검증시험을 마쳐달라고 요청했다. 그러나 할덴 원자로의 운전조건이 상용원전과 정확하게 동일하지 않아 우리가 요구한 목표 연소도를 5년 내에 맞출 수 없으며 최소 6년의 시험기간이 필요하다고 말했다.

6년 동안 외국에서 시험을 한다는 것은 예산확보나 과제 추진 관점에서 쉽게 수용하기 어려운 조건이었다. 그러나 다른 대안이 없기 때문에 이를 수용할 수밖에 없었다. 계약과정에서 가장 어려운 협상은 역시 시험비용 관련 사항이었다. 당초 할덴 측에서는 검증시험 및 조사 후 시험을 합쳐서 약 60억 원의 시험비용을 제안했지만 여러 가지 비용절감 요소를 제시하여 50억 원 규모에서 시험하기로 결정했다.

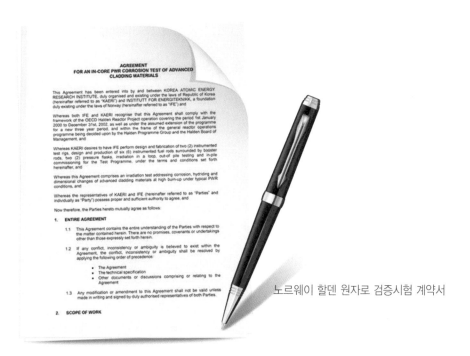

노르웨이 할덴 원자로 검증시험 계약서

시험조건 및 비용과 관련해 실무선에서 협의를 마친 후 나는 정연호 박사를 모시고 할덴을 방문했다. 거기서 시설 점검 및 최종 계약서 내용까지 협의를 마치고 돌아와 연구원 내의 절차에 따라 국제협력 추진에 대한 내부 승인을 얻어냈다. 그리고 예산을 지원할 연구재단과 과기부에 보고를 하게 되었다.

이런 공식 절차를 마친 후 2003년 1월 10일 최종 계약을 체결했다. 앞으로 예산 확보가 무엇보다 중요한 사항이지만 정부 과제를 추진하는 우리의 입장에서는 향후 6년간의 예산 확보를 누구도 보증할 수 없었다. 따라서 다음과 같은 단서 조항을 달아서 계약을 추진하게 되었다.

"정부로부터 예산을 확보하지 못하거나 정부에서 이 프로젝트를 더 이상 지원하지 않을 경우에는 계약을 종료할 수 있다."

▶▶▶ 계약을 파기하겠습니다

IMF 이후에도 수년간 환율이 안정되지 못하고 많은 기복을 보였다. 당시 환율이 하루하루 치솟아 과제를 위해 외국 물품을 구매하거나 외국과 협력해야 하는 경우 많은 어려움을 겪어야 했다. 과제의 예산은 매년 초에 정부로부터 받아서 1년 동안 사용했다. 시험비용은 노르웨이 연구소로부터 1년 동안 시험한 결과를 받고 나서 연말에 지불하도록 계약되어 있었다. 따라서 지불 시점인 연말의 환율에 민감할 수밖에 없었다. 나는 시험비용 지불 문제로 많은 어려움을 겪었다.

검증시험 비용 지불은 노르웨이 화폐인 크로네를 기반으로 계약을 했다. 그런데 연초부터 오르기 시작하는 환율이 연말에는 20% 이상 증가하여 확보한 과제 예산 내에서 지불 방안을 찾을 길이 없었다. 수천만 원도 아니고 수억 원이나 증액되니 대안을 찾기 어려웠다. 정부 측에 사정을 이야기했더니 고정된 예산 내에서 추가 지원 방안이 없고, 이런 경우가 한두 건이 아니기 때문에 정부로서는 대책을 내놓을 수가 없다는 것이다.

할 수 없이 노르웨이 측에 메일을 보내어 국내의 환율 사정을 이야기했다. 우리는 원화 기준으로 과제 예산을 확보했기 때문에 정해진 예산 이상으로는 더 이상 지불할 수 없으니 깎아 달라는 요청이었다. 노르웨이 측에서는 충분히 이해하지만 그들 입장에서 보면 추가로 수입이 들어오는 것도 아니기 때문에 계약액을 깎아 줄 수 없다고 한다. 그러면 환율증가로 인해 발생한 추가 지불금액은 다음 해에 주겠다고 하니 그것은 받아 주었다.

간신히 한 해를 넘기고 다음 해에는 환율이 좋아져서 미지급 금액을 지불할 수 있을 것이라 희망했다. 불행히도 다음 해 환율도 나빠져 오히려 지불해야 할 시험비용이 더 추가되는 사태가 발생했다. 다시 할덴 측에 이메일을 보내어 상황이 더 어려워졌으니 비용을 줄여달라고 요청했다. 그러나 할덴 측에서는 지불비용을 줄여줄 수 없다는 당초 입장만 고수했다. 몇 번의 이메일이 오고갔지만 방안이 나오지 않아 고민 끝에 이 난국을 돌파하기 위한 모험을 감행했다.

나는 이미 계약 당시 내가 중요하게 생각했던 단서조항을 다시 한 번 읽어보고 있었다. "아! 이 단서조항을 가지고 담판을 지어보자." 그리고 다음과 같은 편지를 썼다.

"우리는 정부 지원을 받는 국가연구기관이고 우리 과제는 정부 지원으로 수행되고 있다. 정부에서 준 예산은 정해져 있지만 우리가 당신들에게 앞으로 줄 돈은 40% 이상 증가하게 된다. 우리의 협약서 단서 조항에 보면 우리가 정부로부터 예산을 확보하지 못하면 협약은 파기할수 있고 시험은 중단할 수 있다고 되어 있다. 지금 상황이 그러하니 나는 계약을 파기할 수밖에 없다."

용감하게 편지를 보내면서도 속으로 '노르웨이 측에서 정말로 계약을 파기하겠다고 하면 어떡하나', '우리 과제는 여기서 끝을 내는 건가?', '진짜 파기하면 나는 망한다.'라는 여러 생각으로 머릿속이 복잡했다. 오직 내가 믿는 것 하나는 노르웨이 할덴 측이 이미 시험착수를 위해 많은 투자를 했고, 6년을 계획하고 있기 때문에 지금 계약을 중단하면

노르웨이 할덴 연구로 검증시험 설비의 개략도

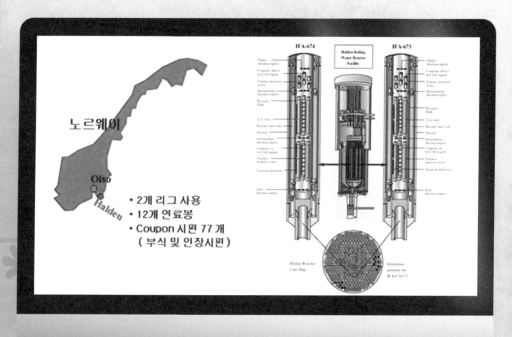

그들도 손해라는 사실이었다. 그렇기 때문에 쉽게 계약을 파기하기란 어려울 것으로 예상했다.

내 예상은 적중해서 바로 만나서 협상하자는 메일이 왔다. "그러면 당신들이 오시오."라고 했더니 바로 2명이 우리 연구원으로 달려왔다. 할덴 측에서는 계약을 파기할 수 없으니 시험 비용을 줄일 수 있는 방안을 서로 검토하자고 제안했다. 나의 최후통첩이 먹혀들어 비용절감 방안에 대해서 논의해 나갔다. 시험 횟수와 시험 항목을 줄여 얼마만큼의 비용을 줄일 수 있는 방안을 찾아냈다. 그렇다고 우리가 요구하는 금액으로 줄일 수는 없었다. 그들은 경영차원에서 검토를 해보겠다고 한 후, 다음 날 회의에서 우리의 주장을 받아들였다.

이렇게 해서 우리의 계약금액은 약 40억 원으로 줄었고 검증시험은 중단 없이 계속할 수 있게 되었다. 이렇게 또 한 고비를 넘기게 되었다. 그 후에 환율이 안정되어 할덴 입장에서도 큰 손해를 보지 않았고, 우리도 당초 계획된 예산 범위 내에서 시험을 완료할 수 있었다.

▶▶▶ 6년간의 할덴 검증시험 성공

2003년 12월에 시작된 할덴 연구로 검증시험은 2010년 6월까지 6년 반 동안 수행되었다. 이 과정에서 있었던 여러 활동에 대해 기록으로 남기는 것은 의미가 있을 것 같다.

우리는 검증시험과 관련된 원자로 운전 조건을 정기적으로 받아볼 수 있었으며 우리가 제안한 운전 조건에서 시험이 되고 있는지를 계속해서 추적할 수 있었다. 1년 시험 후 연구로 정비기간 중에 매년 꺼내어 여러 가지 성능을 검사한 후 다시 연구로에 장전하는 방법으로 진행했다. 매년 꺼낸 연료봉은 외관 검사, 부식량 측정, 크립 변화, 조사 성장 등의 성능을 측정했다. 이 과정은 매우 중요하기 때문에 매년 우리 연구팀의 연구원이 직접 할덴에 파견되어 시험하고 중간 보고서를 공동으로 작성했다.

1년 시험 후에는 백종혁 박사가 한 달간 파견되어 시험결과를 정리해 보고서를 작성했다. 백 박사는 향후 다른 연구원들이 파견되어 일을 할 수 있는 길을 닦는 역할을 했다. 2차는 박정용 박사가, 3차 연소 후 시험을 위해서는 김현길 박사가 파견되어 수고를 했다. 4주기 연소 후부터는 성능자료의 변화가 크지 않았고 파견을 할 적합한 팀원이 없어 파견 대신 1주일 출장으로 결과를 토의하는 회의만 실시했다.

1년 동안 할덴 원자로에서 성능시험을 한 후 가장 중요한 요소인 부식 성능을 측정해 본 결과 하나 피복관은 기존의 상용 소재에 비해서 우수한 성능을 나타냈다. 아직 초기 상태이므로 고연소도 성능을 미리 예측하기는 어려웠으나 출발은 좋았다. 크립 성능, 조사 성능 관점에서도 비교적 우수한 성능을 보였다. 하나 연료봉을 재장전한 후 다시 1년간의 검증이 계속되었다. 그런데 2년째 연소 중에 한 가지 문제가 발생했다. 원자로 가동 중에 전기적인 문제로 비상 정지되는 사고가 생겨 이로 인해 시험 온도가 우리가 설정한 온도보다 10℃ 정도 올라가는 일이 일어났다.

온도가 10℃ 올라가면 하나 피복관의 부식이 가속되므로 정상적인 거동을 평가하기가 어려워진다. 나는 다시 할덴으로 달려가 할덴 담당자와 가동 온도 상승에 따른 문제점을 분석하는 회의를 했다. 다행히 온도가 상승된 상태에서 머무른 시간이 짧아서 6년이라는 연소기간을 고려할 때 크게 영향을 받지 않을 것으로 결론 내리고 시험을 계속 이어나가기로 했다.

검증시험 과정에서 일어날 수 있는 또 하나의 걱정거리는 시험과정에서 하나 피복관이 파손되거나 결함이 발생하여 시험을 중단해야 하는 최악의 시나리오가 발생할 수 있다는 점이었다. 그러나 6년 반 동안 하나 피복관은 아무 문제를 야기하지 않고 잘 견디어 주었다. 오히려 시험기간이 지날수록 하나 피복관은 기존의 상용피복관보다 더욱 우수한 성능을 보여주며 우리를 안심시켰다. 6년간의 시험기간은 많은 시련이 있었지만 큰 고비를 넘기며 다음 단계로 도약하는 계기를 만들었다.

노르웨이 연구진과 함께 검증시험 참여

산업과 관련된 기술은 무조건 산업체에서 주관해야 한다는 논리로
접근한다면 상당히 비효율적일 수밖에 없다. 왜냐하면 산업체는
이미 국책연구기관이 보유하고 있는 새로운 시설, 새로운 인력을
다시 확보해야 하므로 국가적으로 볼 때는 오히려 손해일 수 있다.
내가 수행했던 하나 피복관 개발도 산업체 논리만으로 접근해
처음부터 산업체 주도로 추진되었다면 과연 성공할 수 있었을까?
그것에 대해서는 의구심이 든다.

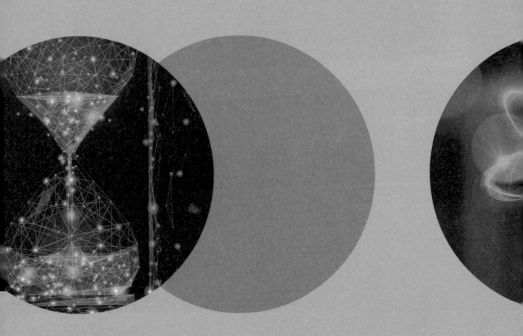

Chapter 09

하나는 우리를
배신하지 않았다

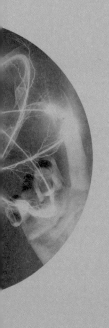

하나는 우리를
배신하지
않았다

▶ ▶ ▶ 상용원전 장전을 위한 열정과 도전

노르웨이 할덴에서 6년 반의 검증시험이 진행되는 동안 가만히 기다릴 수만은 없었다. 할덴 원자로 시험 1주기가 완료되고 하나 피복관이 우수한 성능을 보이는 것을 확인한 후부터는 본격적으로 국내 상용원전 장전 준비에 들어갔다. 하나 피복관 검증시험을 할덴에서 추진하고 있었지만 이 과정은 국내 상용원전 장전을 위한 사전 검증단계일 뿐 최종 검증은 상용원전에서 이루어져야 개발이 종료되는 것이다. 따라서 상용원전 최종 검증 준비를 위해서 산업계, 학계, 연구계의 전문가들에게 자문을 구하고 하나 피복관 개발의 필요성에 대해 지속적으로 설명하는 자리를 가졌다.

그 일환으로 2004년 지산리조트에서 제1회 지르코늄 워크숍을 개최하여 국내 관련 전문가 40여 명이 모여 1박 2일 동안 심도 있는 논의를 하는 시간을 가졌다. 그때부터 시작된 지르코늄 워크숍은 국내 연구원들의 연구 역량을 향상시키는 중요한 계기가 되었다. 지르코늄 워크숍은 향후 아시안 국제 워크숍으로 발전하여 현재까지 한국, 일본, 중국의 지르코늄 연구자들의 학술교류의 장으로 잘 활용되고 있다.

우리가 개발한 하나 피복관의 연구성과를 확산시키기 위해 한전원자력연료의 담당 실장과 원자력연구원의 연구지원 부장을 대동하여 할덴을 방문해 프로젝트의 중요성과 성공 필요성에 대해서 설명하는 등 많은 노력을 기울였다. 또한 한전원자력연료의 임원께서 우리 프로젝트에 관심을 보여 나는 임원과 관련자들을 모시고 할덴을 방문한 적이 있다. 거기서 우리가 개발한 하나 피복관의 우수한 성능에 대해 설명했다.

제1회 지르코늄 워크숍 참석자들

또한 2004년부터 국제학회 활동을 적극적으로 함으로써 하나 피복관의 우수성을 국제적으로 인정받기 위해 애를 썼다. 나를 비롯한 팀원들이 지르코늄 관련 국제학회에 적극적으로 참여하여 많은 논문을 발표했다. 지르코늄과 관련해서는 미국, 프랑스, 일본, 러시아 등에서 개발한 신소재 지르코늄에 대한 논문이 대부분이었던 시절이었다. 처음에는 한국의 '하나'라는 상품에 대해 조금은 무시하는 것 같은 반응이었다. 그러다 점차 논문 수가 많아지고 데이터도 많아지니 참석자들이 관심을 보이기 시작했다.

특히 일본 연구자들의 관심이 컸는데 그들은 우리의 개발 속도가 매우 빠른 것에 놀라움을 표했다. 그들은 일본이 우리보다 15년 정도 먼저 개발을 시작했는데도 아직도 성공하지 못했다며, 한국은 어떻게 그렇게 빠르게 성공했는지를 물었다. "일본은 여러 기관과 원자력회사가 각자 자기 입장에서 개발을 추진하기 때문에 인력과 예산의 한계로 속도가 느리다. 그러나 한국은 국가 연구과제로 발굴하여 정부출연연구소에서 추진하고, 원천기술이 개발되면 산업체가 기술을 이전 받아 상용화 기술을 개발한다. 따라서 체계적이고 속도감 있게 추진할 수 있었다."고 설명했다. 그랬더니 한국의 연구시스템에 대해 많은 부러움을 표현했다. 지금은 연구시스템이 바뀌어 산업과 관련된 연구는 산업체 주관하에 산업부 사업에서 추진하지만 당시만 해도 과기부 주관하에 원천기술개발 과제를 수행할 수 있었다.

나는 초기의 연구시스템이 국가적인 관점에서는 더 효율적이라 생각한다. 원자력연구원은 오랜 연구 경험, 많은 연구인력과 연구시설을 갖추고 있다. 이런 인프라가 갖추어진 기관에서 원천기술을 개발하고, 다음 단계인 산업화 기술은 원천기술을 이어받은 산업체에서 개발해야 한다. 그래야 어려운 원천기술 개발에 대한 성공 가능성을 높이고 개발속도도 빨라진다.

하나 신소재 기술을 소개하는 중도일보 기사

산업과 관련된 기술은 무조건 산업체에서 주관해야 한다는 논리로 접근한다면 상당히 비효율적일 수밖에 없다. 왜냐하면 산업체는 이미 국책연구기관이 보유하고 있는 새로운 시설, 새로운 인력을 다시 확보해야 하므로 국가적으로 볼 때는 오히려 손해일 수 있다. 내가 수행했던 하나 피복관 개발도 산업체 논리만으로 접근해 처음부터 산업체 주도로 추진되었다면 과연 성공할 수 있었을까? 그것에 대해서는 의구심이 든다.

▶ ▶ ▶ 나서는 사람은 하나 없고 시간만 흐르다

우리가 개발하고 있는 하나 피복관을 상용원전에서 최종 검증하기 위해서는 국내 핵연료 공급을 책임지고 있는 한전원자력연료의 추진의지와 적극적인 지원이 선행되어야 했다. 따라서 한전원자력연료의 기술개발자 및 정책결정자들과 먼저 합의점을 찾아야 했는데 첫 단계에서 많은 분들이 부정적인 입장을 드러내 어려움이 많았다.

한전원자력연료의 사람들은 여러 다른 반응을 보였다. 우리나라가 독자 신소재 피복관을 개발한 것은 기술력 관점에서 매우 중요하므로 원자력연구원과 힘을 합쳐 최종 검증시험을 추진해야 한다. 그래서 독립적인 소재를 확보해야 한다고 생각하는 사람이 있는가 하면, 일부에서는 현재 미국에서 공급하는 신소재 피복관의 성능이 좋고 공급에도 문제가 없는데 굳이 새로운 소재를 개발해야 하느냐는 사람도 있었다. 그리고 독자 신소재 개발의 당위성은 인정하지만 원자력연구원에서 개발한 하나 피복관을 이어 산업기술을 개발하는 것에 거부감을 느끼는 사람들도 많았다.

이러한 다양한 의견으로 인해 실무 책임자부터 정책 결정자까지 아무도 적극적으로 나서서 최종 상용로 검증시험을 추진하는 사람이 없었다. 더 이상 진도를 나가지 못해 많은 시간을 허송세월하고 말았다. 이런 기간을 거친 후 마침내 한전원자력연료에서 하나 피복관 최종 검증시험을 추진하기로 방침을 세웠고, 다음 단계인 한수원과의 협의에 들어갈 수 있었다.

나중에 들은 바에 의하면 당시 핵연료 개발을 책임지고 있던 김규태 박사(현 동국대학교 교수)가 개발의 당위성을 강조하며 반대자들을 설득하여 내부 의견을 통합하는 데 많은 노력을 기울였다고 한다. 김규태 박사

국내 관련자들이 할덴에 방문하여 의견 청취

는 연구개발에 매우 적극적이었고 독자기술 개발에 사명감을 가진 보기 드문 연구개발자였다. 당시 PLUS-7이라는 독자 핵연료를 성공적으로 개발하여 현재 국내에 공급하고 있으며 핵연료 기술자립에 매우 큰 공적을 남겼다. 특히 하나 피복관 개발을 성공적으로 이끄는 데 많은 기여를 한 분이다. 몇 년 후 동국대학교로 자리를 옮기고 나서도 열정적으로 연구하는 모습을 보여준, 모범적인 연구자라 할 수 있다.

▶▶▶ 또 다른 고비, 국내 어느 원전에 장전할 것인가

나와 김규태 박사는 하나 피복관 개발 결과 및 향후 추진 방안에 대해 자료를 정리하고 책자로 만들어 한수원 담당자를 찾아갔다. 수년 전에 거부당했던 경험이 있어서 다소 긴장되었다. 우리는 그동안 할덴에서 얻은 우수한 성능의 결과를 보여주며 최종 검증시험의 당위성에 대해 열심히 설명했다. 그러나 돌아오는 대답은 역시 부정적이었다. 한수원 입장에서는 위험부담을 안고 상용로 검증시험을 추진할 수 없다는 것이다.

우리는 그동안의 연구결과, 할덴에서의 연구결과 등을 보여주며 거듭 안전하다고 설명했지만 그들을 설득시키지는 못했다. 그 후 김규태 박사는 한수원의 담당자 및 관련자들과 수없이 접촉해 이해시키려고 노력했다. 한수원과의 협의가 원활하게 진행되지 않자 당시 원자력연구원에서는 정연호 본부장이, 원자력연료에서는 박찬오 기술원장이 나섰다. 당시 한수원의 총책임자이신 서두석 처장은 한수원 내의 다른 분들과는 달리 독자기술 개발의 중요성을 인식하고 독자기술 개발에 대한 열정을 가지신 분으로 기억된다.

정연호 본부장과 박찬오 기술원장의 오랜 설득과, 김규태 박사의 기술적 설명, 서두석 처장의 혁신적인 마인드가 더해져 마침내 하나 피복관 노내 검증시험이 결정되었다. 이후부터 가속도가 붙어 즉시 한전원자력연료에서는 시범 연료봉 제조에 들어갔다.

상용원전 장전용 연료봉을 제조하기 위해 우리는 일본의 스미토모 금속에서 제조한 피복관을 한전원자력연료에 제공하고 한전원자력연료는 핵연료봉과 시범 집합체를 제조하게 되

하나 신소재 피복관 홍보지

었다. 처음으로 실시하는 연소시험이므로 두 개의 집합체에 15개의 연료봉을 장전하여 총 30개의 연료봉을 하나 피복관으로 제조했는데, 피복관의 종류는 할덴 시험결과를 바탕으로 하나−4·5·6 세 합금만 장전하기로 했다.

하나 피복관을 상용원전에 장전하기 위해서는 또 하나의 고비를 넘겨야만 했다. 국내 어느 원자력발전소에 장전할 것인가가 문제였다. 한수원 본사에서는 이 문제를 놓고 고민을 많이 했다고 한다. 국내에서 처음 실시되는 검증시험인 만큼 위험부담을 안고 추진하려는 발전소가 없어서 본사 담당자가 고생을 많이 한 것으로 안다.

본사에서 하나 피복관 검증시험을 결정했던 서두석 처장이 한빛발전소 소장으로 취임하게 되면서 해결의 기미가 보였다. 서두석 소장은 하나 피복관과 처음부터 인연을 맺고 상용로 시험까지 책임을 지게 되었다. 결국 연소시험을 한빛발전소에서 추진하게 되었다.

한전원자력연료의 많은 분들의 노력과 우리 연구팀의 노력으로 하나 피복관 시범 연료봉은 성공적으로 제조되어 2007년 9월 마침내 한빛발전소에 최초로 장전되었다.

▶▶▶ 상용로 검증시험을 도와준 사람들

하나 피복관을 개발하면서 여러 단계의 어려운 고비가 많았다. 그중 가장 어려웠던 단계를 꼽으라면 상용로 검증시험을 추진하는 단계였다. 다른 단계에서는 나의 의지, 나의 노력, 우리 팀의 열정 등을 바탕으로 어려움을 극복할 수 있었다면 이번 단계는 나의 의지, 나의 노력으로만 결정되는 과정이 아니었기 때문이다.

어려운 고비를 넘길 수 있게 도와주었던 많은 분들이 있었다. 우선 한전원자력연료에서 상용화를 추진하면서 많은 도움을 주신 박찬오 박사, 김규태 박사, 유종성 박사, 김선두 본부장, 박찬현 처장, 김인규 부장, 박기범 과장, 그리고 핵연료 제조에 협조해주신 여러분께 감사드린다.

그리고 한수원에도 감사드릴 분들이 많다. 노내 검증 시험을 처음부터 기획·실행하고 단계 단계마다 같이 노심초사했던 윤용배 팀장께 크게 감사드린다. 윤용배 팀장은 상용로 검증시험을 추진할 당시 한빛발전소 정균도 과장과 함께 할덴을 방문해 현지 시험 책임자로부터 결과를 청취하고 같이 토의했던 경험을 갖고 있다. 처음에는 안전성 때문에 검증시험을 쉽게 결정하지 못했지만 시간이 지나면서 우리 기술을 믿어주고 우리나라 미래 핵연료 개발에 대한 희망을 지향하며 상용로 검증시험을 앞서서 추진해 주었던 고마운 지원자였다. 일주일 동안 할덴 출장을 다녀오면서 서로 깊이 이해하며 개인적으로 많은 친분을 맺었던 분이다.

상용로 내 검증시험을 추진하면서 당시 문병위 팀장과 일주일 동안 할덴을 방문했던 일도 잊을 수 없는 추억이다. 두 사람이 출장을 가던 중에 오슬로 공항에서 오슬로 시내로 가는 기차를 타게 되었다. 시차도 바뀐 데다 현지시간으로 밤 11시가 다 되어 기차를 타니 너무 졸려 나도 모르게 잠이 들었다. 한숨 자고 일어나니 시간은 자정을 넘어 1시가 다 되었고 기차에는 사람 하나 없었다. 보통 30분이면 종차역인 오슬로 시내에 도착하게 되어 마음 놓고 잔 것인데 기차는 2시간 이상 달리고 있었다. 정신을 차려 역무원을 찾아 오슬로를 지났느냐고 물어보니 오슬로는 벌써 지났고 다른 도시로 가고 있다고 한다. 큰일 났다. 아무리 고민해도 답이 나오지 않았다. 방법은 다음 역에 내려서 택시를 타고 오슬로로 돌아가는 방법밖에 없다고 생각하고 기다리고 있었다.

노르웨이는 도시가 발달되지 않았기 때문에 큰 도시를 지나면 다음 도시까지는 1-2시간을 가야 한다. 되돌아갈 것을 걱정하며 앉아 있는데 역무원이 오더니 기차가 다음 역에서 정차한 후 다시 오슬로로 돌아가니 내리지 말고 앉아 있으라고 했다. 아! 얼마나 다행인가. 시간은 늦었지만 다시 돌아갈 수 있는 방법이 생겼으니.

덕분에 우리는 출장 첫날부터 특이한 경험을 했다. 휴대폰을 잃어버렸다가 7시간 만에 찾았던 일, 공항 파업으로 다른 공항으로 이동해야 했던 일 등 일주일의 출장 기간 중 많은 해프닝을 겪으면서 문병위 팀장과 좋은 추억과 우정을 쌓았다. 오랜 시간이 지나 문병위 팀장은 고리 1호기 발전소 소장으로 승진하여 이동했다가 여러 어려운 사건과 관련하여 마음고생이 많았다. 그 역시도 하나 피복관 개발에 많은 도움을 주셨던 분이다.

한수원에서 빼놓을 수 없는 분이 서두석 소장이신데 본사에서 책임자로 어려운 결정을 해주시고 한빛발전소 소장으로 부임해서는 검증시험을 직접 진두지휘하신 분으로서 그분에 대한 고마움을 잊을 수 없다.

국내 최초 '하나'피복관 연료봉 장전연료 출하 기념

과제 초반 일본 전문가들만 보면 자존심을 버리고 한 가지라도 더 배우려고 물고 늘어졌던 시절이 있었다. 그러나 이제는 상황이 바뀌어 일본이나 유럽의 연구자들이 나만 보면 계속 질문을 쏟아내는 것을 보면서 연구자로서의 보람과 자긍심을 느낀다. 아울러 국가의 자존심, 국민의 자존심을 높이기 위해서는 과학기술을 발전시켜야 한다는 사실도 깨닫게 되었다.

▶▶▶ 하나는 끝까지 나를 배신하지 않았다

가장 큰 고비를 넘기고 하나 피복관으로 제조된 시범 연료봉은 2007년 9월부터 2012년 3월까지 3주기(약 4년 6개월 소요) 검증시험을 실시했다. 새로 개발된 신소재 피복관을 상용로에 장전했을 경우 연소 초기 1~2개월이 매우 중요하다. 일반적으로 연소가 시작되면 피복관에 응력이 발생하고 부식 환경에 노출되기 때문에 용접 같은 제조 결함이 있을 경우 초기에 대부분 문제가 드러나게 된다. 재질에 문제가 있을 때는 초기 연소보다는 고연소도로 진행되면서 문제점이 나타날 수 있다. 연구팀원들은 모두 초기 시점에 신경을 곤두세우고 지켜보았다. 다행히 아무런 문제를 보이지 않고 1주기 무결함 연소를 마쳤다. 1주기 연소 후에는 현장에서 성능검사를 실시하는데 주로 부식량 변화, 크립량 변화, 조사성장 등을 측정하게 된다. 현장검사는 한전원자력연료 핵연료 서비스팀에서 수행했으며 우리 팀에서는 같이 참여하여 결과물을 정리하는 역할을 했다.

1차 현장 검사 결과는 연구팀원들 모두가 촉각을 곤두세우고 있었던 매우 중요한 과정이어서 모든 팀원들이 출장을 가서 같이 작업에 참여하여 정리했고, 끝나고 나서는 함께 축하의 술잔을 기울였다. 1차 시험 결과는 다행히 매우 좋았다. 미국 제품인 ZIRLO와 동일한 원자로 조건에서 검증 시험한 결과 미국 제품보다 우수한 성능을 보여주었다. 1차 현장검사를 무사히 마친 하나 피복관은 2주기 연소를 계속하기 위해 재장전되었다.

1차 실험을 마치고 나니 조금 마음이 놓였다. 1주기 동안 결함 없이 연소가 잘 수행되었고, 우수한 성능도 보여주었으므로 이변이 없는 한 2주기에도 우수한 결과가 예상되었기 때문이다. 17개월의 2주기 연소(약 44GWD/MTU)도 무사히 마쳤다. 다시 현장 검사를 실시한 결과 부식성능이 ZIRLO 대비 50% 이상 향상된 결과를 보여주었다. 하나 피복관은 다음 3주기 연소를 위해 원자로에 재장전되었고 이제 마지막 결과를 기다리게 되었다.

2012년 3월, 드디어 최종 3주기 연소(연소도 58GWD/MTU)를 마치고 하나 피복관이 완전히 원자로에서 나오게 되었다. 3주기 연소가 완료된 핵연료는 다시 원자로에 들어가지 않기 때문에 1차적으로 현장에서 검사를 실시한 후 대전의 원자력연구원 시험시설로 이동하여 최종 상세검사를 하기로 계획되어 있었다.

개발자들과 원전연료 담당자들은 마지막 3주기 연소 결과가 매우 궁금했기 때문에 바로 현장 성능검사를 하려고 시도했으나 이 무렵 원자력연구원과 한전원자력연료 사이에 하나 피복관 기술이전 문제가 핫이슈로 대두되어 원활하게 진행되지 못했다. 한수원에서 기술료 문제를 먼저 매듭짓고 현장검사를 해야 한다고 주장해 검사가 다소 지연되었다.

약간의 견해차가 있었지만 현장 성능검사는 실시되었다. 한전원자력연료의 관련자분들이 주관해 검사한 결과 하나 피복관의 성능은 미국제품인 ZIRLO보다 월등하다는 결과를 얻었다. 고연소도 피복관에서 가장 중요한 성능 지표인 부식량의 비교에서 ZILRO는 약 $60mg/dm^2$인 데 반해 하나의 부식량은 약 $25mg/dm^2$으로 나타나 하나 소재가 약 3분의 1 수준의 적은 부식량을 보여주었다. 즉 외국제품보다 2~3배 우수한 부식저항성을 보여준 것이다. 크립과 조사성장 평가에서도 외국제품보다 우수해 하나 피복관은 외국제품보다 탁월한 성능을 갖고 있는 고성능 신소재 지르코늄임이 입증되었다.

신소재를 개발해 제품으로 만들고 상용검증에 이르기까지 여러 단계의 성능 검증시험을 하게 되는데, 초기 실험실에서 시편 규모의 평가에서 우수한 성능을 보였던 합금도 제품을 만들어서 검증시험을 해보면 성능이 나빠질 수 있고, 제품단계에서 성능이 좋아도 실제 중성자 환경인 원자로 내에서는 다시 나쁜 결과를 보일 수 있다. 실제로 미국의 신소재 개발역사를 살펴보면 여러 과정을 잘 거쳐 오다가 최종 단계에서 나쁜 성능을 보여 신소재 제품개발에 실패하는 경우도 많이 있다.

그러나 우리가 개발한 하나 신소재는 시편 규모의 실험실 평가, 제품평가, 노르웨이 할덴 원자로 검증시험에서 계속 좋은 성능을 보여주었고, 가장 중요한 상용 원자력 발전소 최종 검증시험에서도 나를 배신하지 않았다.

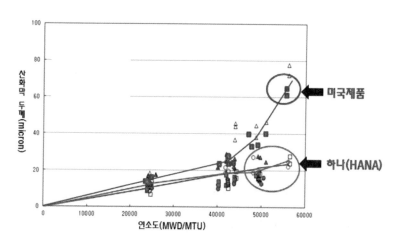

상용원전에서 최종 검증시험 후 월등히 우수한 성능을 보이는 하나

세계를 놀라게 한 대덕의 기술, 대전일보, 2013년 7월 10일

▶ 위험한 과학자, 행복한 과학자 – 09장 하나는 우리를 배신하지 않았다

일본 전문가들만 보면 자존심을 버리고 한 가지라도 더 배우려고 물고 늘어졌던 시절이 있었다. 그러나 이제는 상황이 바뀌어 일본이나 유럽의 연구자들이 나만 보면 계속 질문을 쏟아내는 것을 보면서 연구자로서의 보람과 자긍심을 느낀다. 아울러 국가의 자존심, 국민의 자존심을 높이기 위해서는 과학기술을 발전시켜야 한다는 사실도 깨닫게 되었다.

소결체 기술을 포함하여 계약서상의 기술료는 100억 원이었다.

기술료는 경상기술료 없이 일시불로 지불하는 조건이었다.

이러한 금액은 원자력연구개발 사상 최고의 기술이전 금액이다.

이보다 높은 기술이전료는 아직까지 없었다. 현재 많은

우수한 기술들이 원자력연구원에서 개발되고 있으니 곧

경신되리라 기대한다.

Chapter 10

원자력 역사상
최고 기술료 100억

원자력 역사상
최고 기술료
100억

▶▶▶ 지난했던 기술이전 협상 과정

국내 원자력 산업은 한국수력원자력(주)의 주도하에 다양한 산업체에서 관여하여 발전소 건설에서부터 운전, 정비, 핵연료 공급이 원활하게 이루어지고 있다. 그중 핵연료 다발의 공급은 한국전력공사의 자회사인 한전원자력연료가 담당하고 있다. 수년 전까지 핵연료 다발로 구성되는 핵연료 피복관은 전량 수입에 의존해 왔지만 하나 피복관을 개발하는 과정에서 국내에서도 핵연료 피복관 제조 설비가 절실하게 요구되었다. 한전원자력연료와 한국원자력연구원은 정부의 도움을 받아 공동연구협력 체계를 통해 지르코늄합금 튜브 제조기반시설을 구축하게 되었고, 현재 외국 신합금 피복관을 제조 중에 있다. 그 때문에 제조기반시설을 갖춘 한전원자력연료는 하나 피복관을 제조할 수 있는 국내 유일의 업체로 부상하게 되었다. 또한 한전원자력연료는 UAE 원자로 수출을 계기로 국내 원자로뿐만 아니라 수출 원자로의 핵연료 공급도 담당하게 되었다.

고성능 하나 피복관에 대한 기술이전은 한전원자력연료와 한국원자력연구원 간에 2006년부터 논의되어 왔다. 그러나 원자력 기술의 특성상 기술의 성능을 의심스러워하는 한전원자력연료를 이해시키는 데에는 많은 노력을 기울여야 했다. 고성능 하나 피복관의 경우 수십 가지의 기초물성 자료, 부식 특성 자료, 기계적 특성 자료 및 노르웨이 연구로 시험결과를 주기적으로 설명하고 자료의 신뢰성을 피력하였지만 역부족이었다. 한국원자력연구원, 한국수력원자력 그리고 한전원자력연료가 합의하여 국내 상용로 연소시험을 성공적으로 수행하고 그 결과를 공유한 뒤에야 사용업체(한전원자력연료, 한국수력원자력)에서 성능을 공식적으로 인정하게 되었고, 기술이전 협상도 그때서야 본격화되는 우여곡절을 겪었다.

기술이전 협상 과정은 아래와 같다.

- ▶ 2006. 12 : 영광1호기 하나 시범연료봉 장전 협의 시 기술료 등 기술이전
  조건협상 요구
- ▶ 2007~2011 : 수십 차례 기술이전 협상을 실시하였으나 기술료 이견 등으로
  협상 실패
- ▶ 2012. 4 : 한국원자력연구원 기술이전 방식 변경 제안
  (실시권 부여를 통한 기술이전 →소유권 양도를 통한 기술이전)
- ▶ 2012. 4 : 한전원자력연료(주) 소유권 양수를 통한 기술이전 방침 확정
- ▶ 2012. 6 : 한전원자력연료(주) 소유권 유상 양도 제의서 제출 요청
- ▶ 2012. 7 : 한국원자력연구원 소유권 유상 양도 제의서 제출
- ▶ 2012. 9 : 한전원자력연료(주) 경제성 평가 및 권리 분석 등 완료
- ▶ 2012. 7~10 : 기술의 양수도 조건 협상 및 잠정 합의
- ▶ 2012. 11 : 한국원자력연구원 소유권 유상 양도 관련 수정 제의서 제출
- ▶ 2012. 12 : 연구 성과물 양수도 계약 체결(양도 금액: 100억 원)

국내 유일의 기술 수요 기업인 한전원자력연료가 기술의 우수성을 인지하고 기술을 수용하기로 결정했다. 하지만 기술료 규모를 포함한 기술이전 조건에 대해 한국원자력연구원과 현격한 입장 차이를 드러냈다. 그 때문에 기술이전 협상이 수년간 답보 상태를 면치 못했다.

▶ ▶ ▶ 기술이전료는 100억, 연간 경제효과는 500억

지난 16년의 연구를 성공리에 마치고 6년간의 기술이전 협상을 마무리한 2013년 12월 4일, 대덕특구 사무실에서 양 기관장과 관련자들을 모

시고 기술이전 협약식을 가졌다.

소결체 기술을 포함하여 계약서상의 기술료는 100억 원이었다. 기술료는 경상기술료 없이 일시불로 지불하는 조건이었다. 이러한 금액은 원자력연구개발 사상 최고의 기술이전 금액이다. 이보다 높은 기술이전료는 아직까지 없었다. 현재 많은 우수한 기술들이 원자력연구원에서 개발되고 있으니 곧 경신되리라 기대한다.

핵연료 피복관은 원자력발전소의 핵심 부품임에도 불구하고 현재 외국으로부터 전량 수입에 의존하고 있다. 또한 핵연료 피복관에 대한 원천기술이 없기 때문에 가격 면에서 매우 불이익을 당하고 있는 실정이다. 고성능 하나 피복관은 우리가 이미 원천기술을 확보하였고, 성능 면에서나 가격 면에서 충분한 국제경쟁력을 갖고 있기 때문에 하나 피복관이 상용화되어 피복관, 안내관 및 지지격자 등의 부품으로 사용된다면 커다란 경제적 효과를 가져올 것으로 기대된다.

또한 하나 피복관이 국내 산업체인 한전원자력연료에서 활용되면 전량 수입되는 피복관의 수입 대체로 외화 절감뿐만 아니라 국내 제조 피복관의 제조 단가를 상당히 낮출 수 있으며, 하나 피복관의 우수한 성능으로 원자력발전소의 안전성도 향상시킬 수 있다. 거기다 우리나라가 UAE에 원자력발전소를 수출하는 상황에서 가장 중요한 핵연료 공급을 하나 피복관을 통해 완수할 수 있다. 하나 피복관이 상용화될 경우 국내 수요량과 해외 수출량을 고려하면 경제적 이득은 연간 약 500억 원에 이를 전망이다.

大田日報

2012년 12월 05일 수요일
002면 종합 9.5 x 16.1 cm

원자력硏, 핵연료 피복관 국산화 성공

기술이전 100억 대박

**한전원자력연료와 계약
사상 최고 금액 기록**

한국원자력연구원이 원자력 발전소의 핵연료 관련 기술 중 유일하게 전량 수입하던 핵연료 피복관 기술을 국산화하는데 성공해 국내 원자력 연구개발 성과사상 최고액인 100억 원에 기술 이전한다.

원자력연구원과 한전원자력연료㈜는 4일 대전컨벤션센터에서 기술이전식을 갖고 '고성능 HANA 피복관'과 '대 결정립 UO₂ (이산화우라늄) 소결체' 기술 양도 계약을 체결했다.

핵연료 피복관은 핵분열 물질인 우라늄 소결체를 감싸는 부품으로 방사성 물질이 외부까지 새나오지 못하도록 막는 1차 방어막 역할을 한다. 고온 고압의 원자로 환경에서 견디기 위해 쉽게 부식되지 않으면서도 핵연료가 장기간 안전하게 연소할 수 있는 기술이 필요하지만 지금까지는 세계 시장을 독점한 미국과 프랑스 등으로부터 전량을 수입해왔다.

또 핵연료 피복관 안에 들어가는 소결체는 우라늄 핵분열 중 발생하는 기체를 외부로 방출하지 않고 포집해야 하는데 결정립의 크기가 클 수록 기체를 더 많이 포집할 수 있다.

한국원자력연구원은 지난 1997년 전량 수입에 의존하던 피복관을 국산으로 개발하기 위한 고성능 지르코늄 신합금 피복관 개발 및 고연소도 UO₂ 핵연료 소결체 개발 연구에 착수했다.

고성능 지르코늄 합금으로 제작된 'HANA 피복관'은 지난 2004년 개발을 마치고 노르웨이 할덴(Halden) 연구용 원자로에서 3년의 연소시험을 거친 결과 기존 피복관 대비 부식 및 변형에 대해 40% 이상 강한 성능을 보였다. 국내 원전에서 수행한 연소시험에서도 기존 제품보다 성능이 2배 이상 향상된 것으로 나타났다.

원자력연구원 관계자는 "HANA 피복관이 상용화되는 2016년부터 국내 23기 모든 원전에 적용되고 해외 수출까지 되면 연간 500억 원의 경제효과가 기대된다"고 말했다. 오정연 기자 pen@daejonilbo.com

기술료 100억 원에 관한 대전일보 기사

KBS대전 HD

100억 원에 기술이전

정용환 한국원자력연구원 부장
국내 상용원자로에서 최종 검증시험한 결과 외국의
신합금 피복관보다 부식저항성이 두 배 이상 향상된
것으로 나타났습니다.

KBS대전 HD

기술이전 이후 언론에 방송되는 장면

▶▶▶ 연구개발보다 어려웠던 기술료 배분

많은 액수의 기술료를 참여한 연구원에게 배분하는 일은 16년 연구개
발보다 더 어려운 과정이었다. 우리 연구원에는 기술료 배분 규정이
있다. 과제 책임자인 나는 이를 기반으로 참여연구원들에게 기술료를
배분하게 되었다. 배분 규정에는 큰 방향의 가이드라인만 있을 뿐 상

세한 배분 방식은 제시되어 있지 않았다. 과제마다, 기술이전 대상마다 특성이 있기 때문에 상세한 방법까지 제시하기는 불가능하다.

발명 기술과 노하우 기술을 합하여 80%를 한정하고 기술이전 기여도 항목에 20%를 배정하는데, 발명 기술과 노하우 기술의 배분율을 어떻게 정하느냐에 따라 이득을 보는 사람과 손해를 보는 사람이 발생하게 된다. 따라서 참여자 모두가 동의하는 배분 비율에 대해 합의를 이끌어 내기가 매우 어려웠다.

발명 기술 부분은 그나마 쉬운 편이었다. 특허라는 대상이 있고 주 발명자, 부 발명자가 있으며 연구원 규정에 따라 점수 배분 방식이 있기 때문이다. 그럼에도 이의를 제기하는 사람은 있었다. 기술이전 대상인 40건의 특허에 대해 주도적으로 발명에 참여한 사람도 있지만 기여도가 낮은 참여자도 같은 권한을 갖는 것은 문제가 있다는 것이다. 그리고 40건의 특허 중 특허마다 비중이 다른데 같은 배분율을 주는 것은 문제라고 주장하는 사람도 있었다. 그러면 특허 종류에 따라 가중치를 달리하겠다고 했더니 그때는 무슨 근거로 가중치를 달리하느냐고 항의해 왔다.

특허 출원과 등록도 중요하지만 우리는 7년 반 동안 힘든 국제 특허소송을 겪었다. 아레바사가 제기한 특허 전쟁에서 실제 몇몇의 참여자는 많은 고생을 했다. 이들의 고생과 노고는 실제 참여했던 몇몇 연구원들만이 알 수 있는 것으로, 소송에 참여하지 않았던 다른 많은 사람들은 그 기여도를 크게 생각하지 않을 수도 있는 상황이었다.

더욱 어려웠던 것은 노하우 기술 항목이었다. 과연 노하우 기술이 어느 것에 해당되느냐 하는 것이 맨 처음 해결해야 할 관건이었다. 규정대로 해석하면 기술이전 대상 목록에 해당되는 34건의 상용화 데이터베이스, 53건의 성능평가 데이터베이스, 21건의 시험 절차서만 갖고 논하면 된다. 이럴 경우 대상 문건에는 주 작성자 1인만 이름이 등재되어 있으므로 주 작성자만 실적을 인정받고 나머지 많은 사람들은 노하우 항목에서 실적을 인정받지 못한다. 그러면 16년간 과제를 수행하면서 실험에 참여했던 연구원들, 피복관 제조를 위해 외국에 다니면서 고생했던 핵심연구원, 할덴 시험과 상용로 검증시험을 위해 고생했던 핵심 연구원들은 이름이 올라 있지 않기 때문에 보상할 방법이 없다. 또한 과제를 기획하고 관리해 오면서 성공으로 이끌었던 과제책임자 및 대과제 책임자에게도 매우 불리했다.

이런 복잡한 미분방정식을 풀기 위해서는 난상토론을 하는 것이 최선이었다. 회의에 앞서 주 참여 연구원들에게 이메일을 보내 전체 기여도를 100%라고 했을 때 본인의 기여도와 다른 연구원들의 기여도를 적어 보내라고 요청했다. 보내온 자료를 받아보니 16년의 총 연구 기간 동안 일부만 참여했던 참여자들도 모두 본인의 기여도를 가장 높게 적어서 보내왔다. 각자가 보내온 기여도를 합산해 보니 300%가 넘었다. 각자가 생각하는 기여도는 현실과 너무 격차가 크다는 것을 느끼고 가능한 규정에 입각해 문제를 해결해야겠다고 마음먹었다.

▶▶▶ 돈 앞에서는 어쩔 수 없다

나는 여러 가지 예상되는 문제점을 고려하고 연구원 규정에 입각하여 가장 합리적으로 기술료를 배분할 수 있는 엑셀프로그램을 만들었다. 항목, 가중치, 세부 항목, 배분 배경 등을 조합해 만든 프로그램이었다. 그리고 약 30페이지에 달하는 증빙자료를 준비하여 16년 중에서 5년 이상 참여했던 7명을 불러 1차 회의를 실시했다.

16년간 과제 계획서상에 이름이 들어 있는 참여 연구원은 총 31명이었다. 하지만 이들 중 많은 연구원들은 부분 참여자였고 어떤 연구원은 1~3년의 단기간만 참여한 사람들이었다. 나는 우선적으로 기여도가 높은 장기 참여자들만 회의를 소집하여 공감대를 형성하고 2차, 3차로 부분 참여자들의 동의를 얻고자 했다.

그러나 이것 또한 쉽지 않았다. 31명의 참여자 중 16년간 처음부터 끝까지 나와 함께 험난한 길을 걸어온 연구원은 단 한 사람, 최병권 기술원뿐이다. 그 외에는 초창기의 실험실 연구에 참여했다가 다른 부서로 옮긴 사람, 신입소원으로 늦게 합류하여 마무리 연구에 참여한 사람, 중간에만 참여했던 사람 등 여러 형태의 참여자들로 구성되어 있었다. 기여도에 있어서도 참여자들 간에 차이가 크기 때문에 31명이 모여서 공감대를 끌어내기는 구조적으로 불가능했다.

1차적으로 핵심 참여자들을 모아 놓고 배분 방안에 대해 설명했다. 발명 기술은 특허 등록과 특허 소송 대응으로 나누고, 특허 등록에 있어서는 40개의 특허를 중요도에 따라서 1~3등급으로 나누었다. 여기서 한 개 특허에 대해 주 발명자, 주 작성자, 단순 참여자로 분류하여 연구원 규정에 따라 기여도를 배분했다. 연구원 규정에 의하면 주 발명자는 60%, 참여원은 40%로 나누게 되어 있다. 하지만 내가 주 발명자로 되어 있는 모든 특허에 대해서는 주 작성자를 따로 분리하여 주 발명자와 동일한 점수로 배분하고 단순 참여자는 일률적으로 배분하는 방안을 제시했다. 그리고 특허소송에 참여해 고생했던 젊은 연구원들에게는 어느 정도 가중치를 부여했다. 노하우 기술은 과제 참여율, 기술개발 기여도, 자료제공 데이터베이스, 과제 기획·관리 항목으로 나누고 각 항목은 세부항목을 도출하여 가능 한 정당성을 갖도록 했다.

프로그램으로 최종 배분된 금액을 발표하기 전, 이와 같은 원칙을 설명하고 배분원칙에 대해 동의를 구했다. 그러나 첫 회의부터 예상치 않은 난관에 부딪혔다. 내가 제시한 방법은 원자력연구원의 규정을 준수하여 기여도가 큰 연구원도 고려하고, 서류상의 성과는 부족하지만 참여했던 동료의식도 고려하여 혼합형의 방안을 제시한 것인데 양쪽 모두 불만을 나타냈다.

여기서 기여도가 높은 연구원과 기여도가 낮은 연구원 간의 갈등이 고조되었다. 기여도가 높은 연구원은 규정에 따라서 서류상의 성과물에 대해서만 고려해야 한다고 주장하는 반면, 기여도가 낮은 연구원은 같은 기간 같은 과제에 참여했으니 똑같이 나누어야 한다고 주장했다. 기여도가 높은 연구원들은 그나마 배분 기준의 배경을 설명하면 어느 정도 이해하려는 분위기였으나 기여도가 낮을 것으로 예상되는 참여자들은 더 강하게 불만을 드러냈다. 심지어 모 참여자는 참여자 모두 기간, 기여도에 상관없이 1/N로 하자고 제안했다. 몇 시간 동안 회의를 했지만 의견만 양분될 뿐 접점을 찾을 수 없었다. 회의 시간이 지나면 지날수록 이성을 잃고 감정적으로 변했다. 아무 소득 없이 1차 회의는 마무리되었다.

나는 16년간 과제를 이끌어 왔던 과제 책임자로서 기술료 배분까지 잘 마무리해야 할 의무가 있었다. 해결의 방법을 찾지 못해 걱정이 태산이었다.

1차 회의 후 나는 엄청난 스트레스와 실망감에 빠졌다. 전에 수천만 원의 기술료를 받아서 배분했을 때는 모두가 공돈이 생겼다며 즐거워했고 불만도 없었는데, 수십억의 돈을 가지고 논의하다 보니 이해관계가 첨예해져 평소 온순하고 불만이 없던 사람들도 강하게 자기주장과 감정을 표출했다. 돈 앞에서 드러나는 인간 본연의 모습을 보며 씁쓸한 마음을 감출 수가 없었다.

어떻게 해결할까 고민하다가 개인적인 면담을 통해서 해결 방안을 찾아보기로 했다. 주말에 가장 불만이 많았던 모 연구원에게 전화로 만나자고 했다. 그러자 그는 단칼에 거부하고 전화를 끊었다. 함께한 시간이 몇 년인데 개별 만남까지 거부하니 너무나 실망스러워 강한 분노가 치솟았다.

연구원 규정상 참여자 31명 중 단 한 사람이라도 배분 방안, 배분 금액에 동의하지 않거나 서명을 안 할 경우는 기술료 배분을 실시할 수 없다. 또한 배분 후 이의가 있는 사람은 분쟁조정위에 건의하여 최종적으로 결정하게 되어 있다. 그때 솔직한 심정은 합의 도출을 포기하고 동의 못 하는 사람은 분쟁 조정위원회에 제소하라고 말하고 싶었다. 하지만 연구 책임자로서 연구개발도 성공했고 커다란 기술료도 받았기 때문에 어떻게든 잘 마무리 해야겠다는 의무감과 책임감으로 스스로를 진정시켜야 했다.

며칠이 지나 다시 2차 회의를 소집했다. 2차 회의에서는 3~4년간 참여했던 연구원 3명을 추가로 참여시켰다. 그러나 이들이 참여함으로서 일은 더 어렵고 엉뚱한 방향으로 흘러갔다. 3~4년만 참여해 기여도가 매우 적어 배분액 역시 적은 것이 당연한데 이들은 받아들이지 않았다. 이들의 주장도 제각각이었다. A연구원은 3년 과제에 참여했지만 실제 기여한 바가 너무 적기 때문에 어떻게 배분하든 간에 감사하게 수용하겠다고 했지만 B연구원은 본인이 생각하는 배분액이 있는데 그 정도는 주어야 한다고 말했다. 가장 힘든 사람은 C연구원이었다. 그는 기간이나 기여도, 규정을 따지지 말고 정량적으로 계산하지도 말아야 한다며 무조건 최소와 최고의 격차를 줄여 비슷하게 나누자고 주장했다.

3차 회의에서 나는 적게 배분되는 사람들을 고려하여 가능한 한 이 사람들에게 더 많이 배분될 수 있도록 가중치를 바꾸어 제안했다. 그랬더니 2차 회의에서 적은 액수 때문에 강한 불만을 드러냈던 사람들은 수그러드는 분위기였으나 이번에는 핵심 기여자들이 크게 반발했다. 여러 가지 방안을 제시하며 해결책을 찾아보려 했으나 결국 실패하고 말았다. 며칠이 지난 후 4차 회의에서 적게 배분되는 몇 사람을 위해 '실험기여도'라는 항목을 만들어 이들의 동의를 얻어 보려 했으나 또다시 합의점을 찾지 못했다.

나는 많은 고민 끝에 고액의 핵심 연구자들도 만족하고 낮은 액수의 부분 참여자들도 만족시키는 방안은 결국 최고로 받는 사람의 몫을 떼어 적게 받는 참여자들에게 나누어 주는 방법밖에 없다고 생각했다. 그렇게 제안하니 핵심 참여자들은 1차 안과 동일하게 배분을 받게 되어 손해 볼 것이 없고, 부분 참여자들은 1차 안보다 3~4배 이상의 많은 금액을 배분받게 되니 불만을 잠재울 수 있었다.

한 달간의 어려운 과정을 거쳐 겨우 합의점을 도출해 모두 서명했다. 그러나 부분 참여자 중 한 명은 끝까지 서명을 거부했다. 내가 할 수 있는 방법은 모두 다했지만 더 이상 방법이 없었다. 원장께 보고 드렸더니 결국 원장이 나서서 이 문제를 해결하게 되었다.

이 문제를 해결하기 위해 한 달 동안 잠을 못 자 무려 몸무게가 5kg이나 빠졌다. 혼자 고민하며 방법을 찾았고 할 수 있는 방안을 모두 시도했지만 쉽지가 않았다. 지난 16년간 공동의 목표를 위해 함께 고생했던 동료들에게 고마운 마음이 가득하다. 하지만 마지막 단계에서 돈 앞에서 비굴해지는 모습을 보고 착잡한 마음을 숨길 수 없었다. 일부 동료들에게는 배신감마저 느낀 것이 사실이다. 이러한 일을 겪으며 나누어 먹기 문화가 우리 사회에서 독인지 약인지에 대해서 의문을 갖게 되었다.

원자력 분야에서 가장 어렵고 오래 걸리는 소재 분야에서
고성능 고유소재 개발에 성공했고, 원자력연구원
사상 최초 100억 원대의 기술 이전을 성공시켰으며,
원자력 사상 처음으로 세계 최대 원자력 기업과의 특허 소송에서
최종 승소했다.
그러고 보니 내가 경험한 일에는 '최초'라는 단어가 많이 나온다.
이런 것을 보면 나는 여한이 없는 연구원이 아닌가?

Chapter 11

과학자로서 여한이 없다

과학자로서 여한이 없다

여한이 없다

특허 소송에서 최종 승소하던 날, 승전 소식을 전하기 위해 원장께 전화 드렸을 때 원장께서 하셨던 말씀이 "우리는 이제 여한이 없다."였다. 나는 지금 그 말을 곰곰이 생각한다.

1996년, 신소재 개발에 대한 인프라, 인력, 시설, 경험 등이 전무한 상태에서 시작해 고유합금 개발, 제품 개발, 실험실 평가, 노르웨이 할덴 연구로 검증시험, 국내 원전 상용로 최종 검증시험 등의 전 연구개발 주기 연구를 수행하고 16년 만에 우리 기술을 산업체에 이전했다. 지내놓고 보니 수많은 어려움과 장애물 중에서도 7년 반 동안 세계 최대 원자력기업인 아레바사와 특허전쟁을 치른 것이 정신적으로는 가장 힘들었다.

원자력 분야에서 가장 어렵고 오래 걸리는 소재 분야에서 고성능 고유 소재 개발에 성공했고, 원자력연구원 사상 최초 100억 원대의 기술 이전을 성공시켰으며, 원자력 사상 처음으로 세계 최대 원자력 기업과의 특허 소송에서 최종 승소했다. 그러고 보니 내가 경험한 일에는 '최초'라는 단어가 많이 나온다. 이런 것을 보면 나는 여한이 없는 연구원이 아닌가?

이달의 과학기술자상 시상식장에서

한빛대상 수상자를 소개하는 MBC 방송

후배들을 위해 '하나(HANA)' 기술상을 제정하다

오래전부터 생각해 온 것이 한 가지 있었다. 우리 기술이 성공하여 기술료를 받게 되면 뜻있는 일을 해보고 싶다는 것이다. 예상하지 않았던 큰 기술료를 받게 되자 이 기회에 나의 마지막 바람을 성사시키고 싶었다. 원자력 학회에 '하나(HANA) 기술상'을 제정하자고 참여자들에게 제안했고 다행히 많은 참여자들이 동참을 해주어 1억 원의 기부금을 만들 수 있었다.

하나 기술상은 핵연료 및 원자력 재료 분야에서 학술적으로나 기술적으로 업적을 남긴 사람을 매년 1명씩 선발하여 500만 원의 상금을 주는 것이다. 다행히 1회 수상자는 하나 피복관 상용로 검증시험에 크게 기여를 했던 전 한수원의 서두석 소장께서 받게 되어 작은 마음의 빚을 갚게 되었다. 그 후로 원자력연료의 유종성 박사, 동국대 김규태 교수, 원자력연의 황성식 박사, 두산중공업의 김승헌 상무 등이 이 상을 받았다. 앞으로 이 분야에서 연구하는 많은 분들이 훌륭한 업적을 내는 데 조금이라도 동기부여가 되기를 희망한다. 또한 '하나'라는 이름이 앞으로 수십 년 동안 원자력 및 소재 분야에 남기를 바라며 '하나'가 국가 기술발전에 많은 기여를 하길 원한다.

대한민국 최고과학기술인상 수상

대한민국 최고과학기술인상!
이름만 들어도 무게감이 느껴진다. 국내에서 과학기술에 업적이 탁월한 과학자에게 국가가 수여하는 포상으로 우리나라의 노벨상이라 불릴 만큼 최고의 권위를 자랑하는 상이다.

대한민국 최고과학기술인상은 우리나라를 대표할 수 있는 업적이 뛰어난 과학기술인을 발굴·격려함으로써 명예와 자긍심을 함양시키고 연구개발에 전념할 수 있는 풍토를 조성하는 데 수여 목적이 있다. 이 상은 1968년 제정된 '대한민국과학기술상'을 시대요구에 맞게 2003년

확대 개편한 것으로 가장 역사가 깊고 권위 있는 상이며, 경제·산업·사회 발전 기여도 등을 종합적으로 고려해 수상자를 선정한다. 선정은 전공자 심사 및 분야 심사를 거쳐 종합 심사위원회에서 선정하고 대통령 상장과 함께 부상으로 상금 3억 원을 수여한다.

2014년까지 32명이 수상의 영예를 안았는데 수상자 중 28명이 대학 교수들이다. 그중에 공학을 연구하는 교수는 찾아보기 힘들며 대부분 기초과학을 연구하는 분들이 수상했다. 과학 분야 노벨상 수상자가 한 명도 없는 상태에서 매우 바람직한 현상이라고 생각한다. 그리고 4명은 대기업 CEO들이 받아왔다. 삼성전자, 현대자동차, 현대중공업의 회장·부회장들이 이 상을 받아왔다. 정부출연 연구원으로 수상하신 분으로는 현재 IBS 단장으로 계시는 신희섭 박사가 KIST 재직 시절 받은 경력이 있다. 하지만 이분은 원래 교수 출신이므로 정통 출연연 연구원 출신으로 분류하기는 어렵다. 이렇듯이 정통 출연연 연구원들에게는 수상의 기회가 한 번도 없었다.

개인적인 생각으로는, 우리나라 산업기술에 공로가 큰 대기업의 CEO들은 다른 상을 제정해서 주어야 할 것이다. 대신 정부출연 연구원에서 국가 과학기술발전에 혼신을 다하고 있는 연구원들에게 이런 기회를 많이 주어야 한다. 내년에는 대덕에 있는 많은 정부 출연연구원에서 수상 소식이 들리기를 희망한다.

대한민국 최고과학기술인상 소식을 전하는 대전일보 기사

나는 억세게 운이 좋아 2015년에 "대한민국 최고과학기술인상"과 함께 큰 상금을 받았다. 이렇게 큰 상을 받게 된 것은 개인의 업적에 의한 것이 아니라 16년간 함께 동고동락했던 팀원들의 공로 덕분이다. 이분들께 무한한 감사를 드린다.

다음은 수상 후 어느 매체에 인터뷰했던 내용을 올려본다.

대한민국 최고과학기술인상 수상의 영예를 안은
한국원자력연구원 정용환 원자력재료기술개발단장

1959년 원자력연구소가 설립된 이후 지난 반세기 동안 우리나라는 세계에서 가장 빠른 시간 안에 원자력 기술 자립의 신화를 이뤄냈다. 연구용 원자로 하나로(HANARO) 자력 설계 · 건설, 한국표준형원전 개발 등을 통해 확보한 핵심 원자력 기술을 바탕으로 2009년 말에는 요르단 연구용 원자로(JRTR) 건설 사업을 수주하는 등 원자력 기술 수출국으로 부상했다.

그럼에도 불구하고 불과 몇 년 전까지 국산화하지 못한 원자력 기술이 남아 있었다. 바로 원전에 사용되는 핵심 부품 소재인 '핵연료 피복관'이었다. 핵연료 피복관은 핵분열 과정에서 발생하는 방사성 물질이 외부로 나오지 못하도록 막아주는 1차 방호벽 역할을 한다.

정용환 원자력재료기술개발단장이 이끄는 국내 기술진은 그동안 전량 수입에 의존하고 있던 핵연료 피복관을 개발 완료하고 2012년 국내 산업체에 기술을 이전했다. 정 단장은 이러한 공로를 인정받아 올해 '대한민국 최고과학기술인상' 수상자로 선정되는 영예를 안았다.

Q. 수상 소식을 처음 들었을 때의 느낌은?

A. 대한민국 과학기술을 대표하는 이렇게 큰 상을 받은 것은 저 개인적으로 무한한 영광입니다. 특히, 출연연 연구원으로 상을 받게 되어 더욱 의미 있는 상이 아닌가 생각합니다. 앞으로 출연연 연구원 중에서도 이런 상을 받는 연구원들이 많이 나오길 희망합니다.

제가 개발한 기술은 저 혼자만의 노력으로 된 것이 아니고 같이 연구했던 동료들의 힘으로 된 것이기 때문에 지난 16년간 같이 프로젝트를 수행하면서 동고동락했던 연구팀의 동료들에게 감사드립니다.

Q. 주 연구 분야인 '핵연료 피복관'이란?

A. 핵연료 피복관은 우라늄 소결체(펠릿)를 감싸는 '껍질'이지만 단순한 껍데기가 아닙니다. 방사성 물질이 외부로 누출되지 않도록 막아주며, 핵분열 연쇄반응으로 발생하는 열을 냉각수에 전달하는 기능을 합니다. 이에 따라 높은 온도와 압력에서 견딜 수 있도록 부식과 변형에 견디는 힘은 크고 중성자는 덜 흡수하면서도 우라늄이 잘 타도록 고연소도의 성능을 발휘해야만 합니다. 재료공학은 물론 원자력과 기계, 물리, 화학 등을 아우르는 첨단 기술이 필요한 분야입니다.

Q. '핵연료 피복관'의 국산화 과정은?

A. 핵연료의 핵심 소재임에도 유일하게 국산화하지 못해 1978년 고리 1호기 가동 이래 30년 넘게 전량 수입해 왔지만, 한국원자력연구원이 기술 종속을 깨는 데 성공했습니다. 연구원은 1997년부터 국산 피복관 개발에 착수해 700종에 달하는 후보 합금에 대한 방대한 기초연구를 토대로 합금 선별과 평가 시험, 합금 설계와 제조 등 복잡한 과정을 거쳐 2000년 순수 국내 기술로 고성능 지르코늄 합금을 개발하는 데 성공했습니다. 이어 2001년에는 기존의 상용 피복관은 물론 외국의 거대 핵연료 회사들이 개발한 최신 신소재 제품보다도 성능이 크게 향상된 '하나(HANA) 피복관' 시제품을 만들어 냈습니다. 하나 피복관은 2004년부터 6년간 노르웨이 할덴(Halden) 연구용 원자로에서 연소시험을 거친 결과 기존 피복관 대비 부식 및 변형 저항성이 40% 이상 향상된 우수한 성능을 보였습니다. 2007년 11월부터 5년간 국내 원전에서 수행한 연소시험에서도 현재 상용 제품은 물론 외국 회사들이 개발 중인 신소재 제품보다 성능이 2배 이상 향상된 것을 확인했습니다.

Q. 연구개발 과정에서 어려움은?

A. 프랑스 원자력 기업 아레바가 '하나 피복관'이 기존 특허에 비해 새로운 게 없다는 이유로 특허 무효 소송을 제기했습니다. 세계 최대의 원자력 기업 중 하나인 아레바가 비영리로 운영되는 대한민국의 국책연구소를 상대로 제기한 특허 소송은 말 그대로 '다윗과 골리앗의 싸움'이었습니다. 그로부터 자그마치 7년여 동안 서류, 기술 입증 공방이 이어졌습니다. 국제 특허 분쟁을 위한 예산과 인력도 부족했지만 포기하지 않았습니다. 연구진은 독자 개발한 핵연료 피복관 관련 원천 기술의 유효성을 놓고 세계 최대 원자력 기업과 당당히 맞섰습니다. 결국 아레바가 유럽특허청(EPO)에 제기한 특허 무효소송에서 '특허가 유효하다'는 최종 승소 판결을 지난 2013년 받아냈습니다. 세계 원자력 시장에서 두각을 나타내고 있는 한국의 원천 기술 확보를 저지하기 위한 원자력 선진국의 소송 공세에 정면으로 맞서 얻어낸 승리였습니다.

A. 하나 피복관은 2012년 말 우라늄 소결체 기술과 함께 원자력 연구개발 사상 가장 많은 기술이전료 100억 원에 국내 산업체에 이전됐습니다. 하나 피복관을 향후 국내 23기 모든 원전에 적용하고 해외 수출까지 하면 경제적 효과는 연간 약 500억 원에 이를 전망입니다. 하나 피복관 개발을 통해 확보한 신합금 설계와 제조 기술은 내식성과 고강도가 요구되는 타 분야의 구조 재료 개발을 위한 기반 기술로도 폭넓게 활용될 전망입니다.

대한민국 최고과학기술인상
상장과 상금지급 증서

Q. 이번 수상을 통해 후배 과학기술인들에게 하고 싶은 말이 있다면?

A. 저는 출연연 연구원으로 30년을 행복하게 연구해 왔고 이 중에 25년을 한 우물을 팔 수 있는 기회를 가졌습니다. 이와 같이 오랜 시간 한 우물을 팔 수 있는 기회를 가졌기 때문에 지금의 성과가 나왔다고 생각합니다. 한 우물을 파기 위해서는 정부의 정책이 반드시 수반되어야 하지만 연구자 자신도 많은 노력을 해야 한다고 생각합니다.

연구하는 과정에서 단계 단계마다 좋은 성과를 보여줌으로써 정부에서 또는 산업체에서 연구비를 계속적으로 지원할 수 있도록 중간성과를 잘 보여주는 노력이 필요하다고 생각합니다.

그리고 제가 후배 연구원들에게 강조하고 싶은 몇 가지 사항이 있습니다.

첫째, 연구를 즐기면서 해라.

즐겁게 연구하는 과정에서 무엇인가 성과가 나올 수 있습니다.

둘째, 연구에 한번 미쳐 봐라.

한 가지 연구에 미친 듯이 빠져 들어갈 때 좋은 성과가 나올 수 있습니다.

셋째, 연구 환경을 탓하지 마라.

연구 환경을 탓하기에 앞서 주어진 환경에서 최선의 방안을 찾아 연구할 때 길이 보일 것입니다.

계란을 안에서 깨면 새로운 생명체가 탄생하지만 누군가
밖에서 깨뜨리면 계란프라이에 지나지 않는다.
대덕특구가 조성된 지 40주년을 맞았다.
대덕의 구성원들이 그동안 국가적 수혜의 대상이었다면
한걸음 더 나아가 스스로의 힘으로 창조적 환경을 조성해야 한다
는 목소리가 높아지고 있다.

Chapter 12

원자력 과학자가
설 자리는 어디인가?

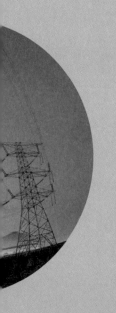

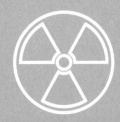

원자력
과학자가
설 자리는
어디인가

▶ ▶ ▶ 애국 과학자에서 위험한 과학자로

80년대 원자력연구소에 입소했을 무렵, 나를 비롯한 입소 동료들의 자부심은 대단했다. 당시 대덕연구단지는 대전에서 특별한 곳이었고, 정부출연연구소에 근무하는 연구원들은 특별한 사람으로 인정받았다. 특히 원자력연구소 연구원들은 국가를 위해 일한다는 사명감이 대단했다. 연구소 신분증은 연구원으로서 최고의 긍지를 드러내는 징표였고 지역주민들 역시 그 권위를 인정했다.

이런 우호적인 분위기 속에서 선배들과 우리 세대는 원자력기술 개발을 위해 열심히 연구에 몰두했다. 외국으로부터 기술 자립을 한 후에도 더 안전한 원자력 기술을 개발하기 위해 열정을 다 바쳤다. 그러한 선배들과 동료들이 있었기에 원자력설계기술 자립, 핵연료국산화, 하나로연구로 독자 건설, 요르단 연구로 수출, 스마트원자로 공동설계, UAE 원자로 수출 등 세계적으로 대한민국의 기술력을 인정받는 업적을 이루어 냈다. 이것은 정부의 강력한 지원과 국민들의 열렬한 성원, 연구원들의 열정이 합해져 시너지를 냈기 때문에 가능한 일이었다.

수십 년이 지난 지금 대덕연구단지의 위상과 환경은 그때와는 판이하게 달라졌다. 대덕연구단지는 더 이상 대전의 고립된 섬이 아니라 도시로 융합되었다. 대전과 대덕연구단지를 가로막았던 둔산 지구가 개발되면서 자연스레 도시가 연결되었고 대덕연구단지 주변 노은지구, 송강지구, 관평지구 등의 신도시가 형성되어 대덕연구단지는 이제 신도시의 중심에 위치하게 되었다. 원자력연구원 코앞까지 대단위 아파트 단지가 들어섰다.

이러한 도시화는 원자력 기술개발에도 상당한 영향을 미쳤다. 원자력연구원 주변이 도시화되자 먼저 주민들의 눈초리가 따가워졌고 환경단체의 목소리가 커졌다. 연구원 정문 근처에 반핵 현수막이 나붙기 시작하더니 현수막은 점차 수십 개로 늘며 심화되는 반핵정서를 대변해 주고 있다. 또한 원자력과 관련한 한수원의 납품비리, 성적서 위조 등의 문제가 불거지자 원자력계는 그야말로 커다란 불신의 대상이 되었고, 일본 후쿠시마 원전 사고 이후에는 더욱 원전 안전성에 대한 불안감이 높아졌다.

원자력연구원은 이러한 분위기 속에서도 국가 연구기관이라는 명분 아래 환경 단체의 극심한 반대 없이 국가가 결정한 R&D 방향에 따라 장기적인 연구를 성실히 수행할 수 있었다. 그러나 최근에는 원자력연구원도 더 이상 지역주민, 환경단체로부터 자유로울 수 없게 되었다. 아파트 단지가 형성된 이후부터 주민들의 관심을 받기 시작하더니 곧이어 환경단체가 나서서 원자력연구원을 감시·감독하려는 움직임이 급속도로 커지고 있기 때문이다.

원자력연구원이 환경단체로부터 집중적 공격을 받기 시작한 시기는 3~4년 전부터다. 그들은 수년 전부터 원자력연구원이 보유하고 있는 중저준위 방사성폐기물의 위험성을 집중적으로 부각시키더니 최근에는 연구용으로 보관 중인 '사용후 핵연료'에 대해서도 집중적으로 공격하고 있다. 급기야는 국가 정책에 따라 연구하고 있는 고속로와 파이로 연구에 대해서도 문제점을 지적하기 시작했다. 또한 연구용 원자로인 하나로의 내진 문제를 지적하며 지역사회의 안전 문제로 이슈화하자 하나로는 3년 동안 운영을 못 하는 최악의 사태를 맞게 되었다. 2017년에는 방사성폐기물 불법 반출 사태까지 발생하면서 원자력연구원은 창립 이래 최대의 위기를 맞았다.

지난 3년 동안의 어려움 속에서 연구원들의 사기는 땅에 떨어졌다. 앞으로의 연구방향, 더 나아가 개인의 미래에 대해서도 심각하게 고민하게 되었다. 희망찬 꿈을 안고 입소한 신입 직원들은 매일 신문과 TV에 오르내리는 원자력 관련 비관적인 소식을 접하며 미래를 걱정하게 되었고, 중견 연구원들까지 자긍심을 잃고 축 늘어진 어깨로 연구실을 오가게 되었다.

국가의 과학기술 발전을 위해 헌신해 왔는데 언제부터인가 국민들로부터 지탄받는 위험한 과학자가 되어 버린 것 같다. 원자력연구원에 다닌다고 하면 하지 말아야 할 연구를 몰래 하는 위험한 과학자 취급을 받게 되었고, 청소년 진로 특강에서조차 환영받지 못하게 되었다. 이제 일반인들과 함께하는 동호회나 과학자들의 모임에서 원자력 이야기를 하는 것이 꺼려진다. 용기를 내어 원자력의 중요성·안전성에 대해 강조하면 그때마다 원자력에 반대하는 사람들이 나타나 그들과 한참 동안 논쟁을 벌여야 하는 상황을 맞기 때문이다. 왜 이렇게 되었을까. 원자력은 정말 사라져야 할 위험한 에너지인가. 국민들의 두려움의 대상이 되어버린 원자력 에너지, 국민들의 높은 불신을 극복할 방법은 무엇일까.

나는 그 해답을 찾기 위해 오늘도 고민한다.

▶ ▶ ▶ 지역사회와 함께하는 원자력문화 만들기

지난 몇 년간 상위 책임자로서 원자력연구원의 사용 후 핵연료와 방사성 폐기물의 관리를 맡은 적이 있다. 우리 연구원이 보유하고 있는 방사성 폐기물을 안전하게 관리하는 것이 최우선 업무였고, 지역 사회나 각종 미디어에서 제기되는 원자력 안전성에 대한 민원을 해결하고 이해시키는 역할을 해야 했다. 쉽게 말해 아무 사고가 없어야 하고 지역사회로부터 제기되는 문제를 잘 무마시켜야 칭찬받는 업무였다.

지난 3년 동안 지역사회와 환경단체의 공격을 막아내기 위한 최전선의 방패로서 정말 열심히 뛰어다녔다. 지역주민 설명회, 대전시 주관 원자력 대토론회, 원자력 현안 TV토론회, 기자 간담회, 방송 인터뷰, 신문 인터뷰, 신문 기고, 직원들을 대상으로 한 공감 강연 13회 등 원자력 현안에 대한 대응 활동으로 눈코 뜰 새 없는 시간을 보냈다. 지난 수십 년간 연구개발에 바쳤던 정열을 다시 지역사회와 소통하는 일에 쏟아부어야 했다. 매우 어려운 일이었지만 지나고 나니 보람 있고 의미 있는 일이기도 했다.

내 말이 전혀 먹혀들지 않는 환경단체들 앞에서 원망스럽고 답답한 마음으로 원자력의 안전성을 설명했다. 환경단체가 주축이 된 대토론회에 나가 일방적으로 공격을 당하면서도 당당하게 원자력의 안전성을 강조했던 시간도 있었다. TV토론회에서 원자력 관련 과학자로서 시청자들에게 객관적이고 전문적인 견해를 들려주려고 노력했던 일도 있었고, 수십 명이 참석한 기자 간담회에서 예의 없는 공격성 질문을 받고 당황했던 일도 있었다. 모든 것이 나에게는 새로운 도전이었다.

이런 일들을 겪으면서 왜 원자력이 이렇게 저항을 받아야 하는지, 왜 국민들로부터 신뢰를 받지 못하는지에 대한 여러 원인을 깊이 생각하게 되었다. 우선은 원자력에 대해 과학자들이 생각하는 안전성과 일반인이 생각하는 안전성에는 온도차가 너무 컸다. 이 차이를 줄이는 것이 급선무라는 생각이 든다.

원자력을 신뢰하지 못하는 이유를 나름대로 분석해 보았다.

첫째, 정부에 대한 국민의 불신이 너무 크기 때문이다. 국민들은 정부에서 하는 말을 잘 믿지 않는 경향이 있다. 공공기관에서 하는 말도 마찬가지다. 산업화 시기를 겪으면서 무리한 경제 발전을 이루다 보니 대민 업무에서 국민들에게 신뢰를 주지 못했던 것이 사실이다. 신뢰가 무너지면서 온도차는 시작되었다. 선진국에서와 같이 정부와 국민이 신뢰를 회복하고 함께 고민하는 문화가 만들어져야 이런 어려움을 극복할 수 있다.

둘째, 과학기술자들의 소통능력 부족 때문이다. 과학자들이 국민이나 지역사회와 소통하는 능력이 매우 부족하다는 것을 느낀다. 과학자들은 기술에 기반을 두고 설명하려 하고 일반인들은 감성으로 이해하려

한다. 그러다보니 원자력 전문가의 말보다 감성으로 접근하는 환경단체의 말을 더 믿게 되는 것이다. 과학자들은 과학기술에 근거하여 설명하되 국민의 눈높이에 맞추어 현상을 설명하고 국민의 입장에서 이해시키려는 노력을 해야 한다.

MBC 시사토론에 참석하여 원자력 현안 설명

영화 '판도라'에 나타난 원전 관련 오류를 바로잡는 신문 기고

▶ ▶ ▶ '따뜻한 과학마을 벽돌한장'과 함께

대덕에서 살아온 지난 33년, 연구에 몰두하면서 앞만 보고 달려왔다. 옆을 볼 여유도, 계기도 없었다. 시쳇말로 흙수저로 태어나 경쟁사회에서 뒤지지 않기 위해 피나는 노력을 했다. 열정과 의지, 도전정신으로 참 열심히 살아왔다. 그 결과 연구 성과 측면에서는 성공했다.

그런데 언제부터인가 내가 과연 성공한 인생, 성공한 삶을 살고 있는가에 대한 의구심이 들기 시작했다. 생활과 삶에 변화를 주고 싶다는 욕구가 생기면서 고민이 시작되었다.

어느 날 나를 되돌아볼 수 있는 아주 우연한 만남이 있었다. 연구 성과를 계기로 과학전문 인터넷 신문인 '대덕넷'의 이석봉 대표를 알게 되었다. 이분은 만나면 만날수록 매력이 넘치는 분이다. 신문사를 운영하면서도 사업에 대해 걱정하는 것을 본 적이 없다. 만날 때마다 우리나라 과학기술을 걱정한다. 우리나라 과학기술뿐만 아니라 대덕 동네가 과학기술 발전의 중심이 되기를 열렬히 바라는 과학정책 언론인이다.

한번은 이 대표에게서 전화가 왔다. 대덕에 의미 있는 조찬 모임이 있으니 한번 나와 보란다. 이 대표가 추천하는 모임이어서 고민도 없이 즐거운 마음으로 나갔다. 모임에는 많은 원로 과학자들이 나와 계셨다. 전 장인순 소장을 비롯해 원장을 역임하신 분이 다섯 분, 총장을 역임하신 분이 서너 분 정도로 모두들 대단한 경력의 과학자들이었다. 모임의 취지는 대덕의 과학자들이 그동안 정부의 혜택을 받고 살아왔으니 이제는 대덕 동네를 위해 뜻깊은 활동을 해보자는 것이었다. 취지를 들어보니 매우 보람되고 의미 있는 일이었다. 그동안 고민해 왔던 문제, 곧 나 자신을 찾아볼 수 있는 일이라는 생각도 들었다. 원로 선배님들이 나누는 이야기를 들으면서 이 모임에서 내가 할 수 있는 역할이 있겠다는 막연한 생각을 가지게 되었다.

사단법인 따뜻한
과학마을 벽돌한장 안내문

한 달에 한 번 정도 아침 모임에 열심히 참석했다. 그런데 모임이 진행될수록 활동방안이나 계획이 나와야 하는데 매번 만나면 잘해보자는 원론적인 이야기만 나누고 헤어지는 것이다. 기관장들을 했던 원로들이라 아이디어는 좋았지만 행동력이 없다는 것을 알게 되었다. 모임에 대한 실망감으로 더 이상 참석하지 않기로 마음먹고 마지막 모임에 나갔다. 그 자리에서 내가 그동안 모임에서 느꼈던 점을 이야기했다. 기본 취지는 공감하지만 원론적인 방침보다 어떻게 실행할지에 대해 논의해야 되지 않겠냐며 마지막 건의사항을 전했다. 그러자 장인순 소장께서 "우리가 고민하던 사항이 바로 그것입니다. 모임에 젊은 연구원들이 없어서 아무도 이야기를 못 꺼냈으니 정 박사가 앞장서서 기획을 해 보십시오."라고 말씀하셨다. 마지막 모임이라고 생각하고 나왔는데 전임 소장께서 그렇게 말씀하시니 차마 거절할 수가 없었다.

그런 인연으로 '벽돌한장'이 탄생하게 되었는데 나는 '벽돌한장'을 창립하기 위한 행동대원으로서 역할을 했다. 우선 뜻에 공감하고 동참해줄 다른 연구소 연구원들을 확보해야 했다. 나는 이 대표의 추천을 받아 아주 훌륭한 인물들을 알게 되었다. 생명연의 정흥채 박사, 천문연의 문홍규 박사, 표준연의 임현균 박사, 천문연의 강현우 박사가 그들인데 이분들은 1기 행동대장을 같이했고 지금까지 '벽돌한장'의 튼튼한 기둥 역할을 하고 계신다. 이분들과 함께 취지문도 만들고 사업 아이템도 발굴하는 등 사단법인으로 등록하는 업무까지 추진했다.

계란을 안에서 깨면 새로운 생명체가 탄생하지만 누군가 밖에서 깨뜨리면 계란프라이에 지나지 않는다. 대덕특구가 조성된 지 40주년을 맞았다. 대덕의 구성원들이 그동안 국가적 수혜의 대상이었다면 한걸음 더 나아가 스스로의 힘으로 창조적 환경을 조성해야 한다는 목소리가 높아지고 있다. 대덕 구성원들의 자발적 모임인 사단법인 '따뜻한 과학마을 벽돌한장'이라는 공동체는 그렇게 탄생되었다.

'따뜻한 과학마을 벽돌한장'은 정겨운 이웃들과 대덕특구 구성원, 시민이 협력하여 세계적인 과학동네를 만드는 것을 목표로 하고 있다. 그리하여 40년 뒤에는 대한민국은 물론 아시아, 더 나아가 세계 과학문화의 중심지로 자리매김하도록 구성원들이 자발적으로 참여하자는 것이다.

'따뜻한 과학마을
벽돌한장'의
설립 취지를
알리는 신문 기고

▶ 위험한 과학자, 행복한 과학자 – 12장 원자력 과학자가 설 자리는 어디인가?

'벽돌한장'은 처음에는 과학자 회원을 위주로 해서 출발했으나 이제는 취지에 동참하는 분들이 많아져 연구소·대학·기업·정부·언론기관 등에서 일하시는 분들이 함께 활동하고 있다. 주요활동 내용은 크게 과학 대중화 활동, 과학 커뮤니티 활성화, 과학정책 활동 등으로 나누어진다.

과학 대중화 활동으로 매달 1회씩 대덕에서 '과학콘서트'를 추진하고 있으며 현재까지 23회차를 성공적으로 진행했다. 기업인을 위한 추가 과학콘서트도 매달 진행했다. 또한 대전의 원도심을 활성화하자는 차원에서 '원도심을 찾아가는 과학강연'도 추진하고 있다. 학생들에게 과학의 중요성을 일깨우고 진로탐색의 기회를 주는 '과학자가 찾아가는 과학강연'도 주변 학교들을 대상으로 실시하고 있다. 대전 사이언스페스티벌에서 'X-STEM 프로그램'을 개설하여 에너지/환경, 항공/우주, 바이오/의료, IT/로봇, 수학/물리의 5개 분야에 20개 과학강연을 실시하고 있는데, 이 프로그램은 대전만의 차별화된 과학행사로 자리매김하고 있다.

이외에도 과학정책 활동의 일환으로 과학정책 대화 행사를 추진하거나 대덕의 생태계 조성을 위한 서명운동, 대덕문화센터 재창조를 위한 정책제안 등의 활동을 펼치고 있다. 또한 나눔을 실천하기 위해 과학도서관에 도서를 기증하는 사업도 하고 있으며 소외계층을 위한 기부문화 확산에도 적극적으로 참여하고 있다.

2013년에 시작한 '벽돌한장'이 자리를 잡아가면서 창립멤버였던 1기 선배님들은 모두 물러나고 이제는 행동대원으로 활동했던 중견 박사들이 주축이 되어 2기 시대를 맞고 있다. 고영주 박사, 함진호 박사, 방성예 작가, 최순희 교수, 이해정 본부장, 이경애 팀장, 강민구 기자, 이은아 님이 2기 추가 멤버로 활동하고 있으며, 이분들의 희생으로 자생적 커뮤니티인 '벽돌한장'은 점점 성장하고 있다.

"우리는 누구나 '벽돌한장'의 재능이 있습니다. 따뜻한 과학마을 '벽돌한장'은 항상 열려 있습니다."

▶▶▶ 과학문화 전도사로 변신하기

언제부터인가 학교나 외부기관에서 강연요청이 많이 들어오기 시작했다. 나의 연구 성과와 특허소송 이야기가 신문에 나오고부터 요청이 들어오기 시작하더니 2015년 '대한민국 최고과학기술인상'을 수상한 이후부터는 요청 횟수가 훨씬 증가했다. 나는 과학에 대한 특별한 지식도, 폭넓은 상식도 갖고 있는 사람이 아니므로 과학 강연으로 유명세를 타기에는 어려운 조건이라는 것을 잘 안다. 오직 나만의 강의 재산이라면 '하나' 신소재 연구개발 성공과 특허소송 승소 이야기가 전부이다. 다양하게 풀어놓을 것이 없으니 개인적인 경험재산을 바탕으로 스토리텔링의 강의를 하는데 의외로 반응이 뜨거웠다.

국가과학기술인력개발원(KIRD)에서 출연연 연구원들을 대상으로 강의를 하게 되었다. 나의 강연은 수강생들로부터 호응을 얻어 지난 3년 동안 계속해서 강의를 해오고 있다. '최고과학자가 들려주는 연구개발 성공사례'라는 제목으로 연 13회 정도 연구원들을 대상으로 강의를 하는데, 이제는 수강생들에게 공감 가는 강의로 인정받아 지난해에는 최고 명강사로 선정되는 영광을 얻었다. 최고과학자상을 수상한 이후부터는 연구기관뿐 아니라 과학고, 대학교 등에서 강연요청이 들어와 전국을 돌며 연구개발 성공 사례를 전파하는 과학전도사 역할을 하고 있다.

때로는 변호사·변리사들 모임에서 강연요청이 들어오기도 하는데 이들은 나의 과학적 지식보다 7년간의 유럽특허 소송에 더 많은 관심을 보였다. 특허분야에서 일한다 할지라도 실제 외국에서 특허소송을 직접 경험하기는 쉽지 않으므로 내가 경험한 생생한 체험담을 들려주면 모두들 경청했다. 나 역시 강의를 하는 동안 새로운 분야에 도움을 줄 수 있어 보람을 느꼈다.

내가 활동하고 있는 '벽돌한장'에서도 과학문화를 확산하자는 취지에서 회원들과 함께 초·중·고 학생들을 위한 과학강연을 자주 다닌다. 강연을 다니다 보면 초등학생 대상 강연이 유독 어려웠다. 연구원이나 일반인 대상 강연은 서로 교감이 되어 강연이 쉽지만 초등학생들은 눈높이에 맞게 강연하기가 여간 어려운 게 아니었다. 그렇지만 더 노력하고 준비해서 보다 많은 청소년과 후배들에게 과학문화를 전파하는 전도사가 되려 한다. 나의 경험, 나의 메시지가 청소년들, 또는 어려움을 겪는 많은 분들에게 조금이라도 도움이 되고 위안이 된다면 그것이 나의 행복이기 때문이다.

▶ ▶ ▶ **과학강국으로 가는 길**

신입사원들이 선정한 최고강사상 수상

대한민국이 선진국 대열로 진입하는 과정에 과학기술이 중요한 역할을 했다는 사실을 부인하는 사람은 아무도 없을 것이다. 그런데 최근에는 국가발전에 미치는 과학기술의 성과와 역할에 대한 우려의 목소리가 나오고 있다. 국내총생산 대비 연구개발 투자비가 세계 최고 수준인데도 불구하고 연구 생산성은 매우 낮다는 지적이다. 특히 정부출연연구원의 미션과 역할에 대해 재검토가 필요하다는 의견들도 나오고 있다. 대한민국이 4차 산업혁명 시대에 다시 한번 과학강국으로 도약하기 위해서는 과학기술과 관련된 모든 분야에서 반성과 혁신이 이루어져야 할 것이다.

우선, 한 우물을 팔 수 있는 정부 정책이 필요하다. 과학자라면 누구나 전문 분야에서 지속적으로 연구하며 그 분야에서 성공하고 싶은 열망을 갖고 있다. 그러나 장기 지원 프로젝트를 찾기 어렵고 전문연구보다는 과제수주에 주안점을 두다 보니 한 우물보다 다양한 분야의 연구를 할 수밖에 없는 것이 현실이다. 물론 한 우물 연구도 정부의 정책만으로 되지 않으며, 연구자들의 투철한 열정과 도전의식이 함께하지 못하면 성공할 수 없다.

둘째, 실험실 수준의 연구에서 벗어나야 한다. 출연연이 산업화 초기에 과학기술을 선진국 수준으로 올리는 데 결정적 역할을 해 온 것은 사실이다. 그러나 이제는 국내 산업과 대학의 연구역량이 크게 향상되어 세계수준으로 올라와 있다. 이런 상황임에도 출연연의 연구원들은 아직도 실험실 수준의 연구에 몰두하고 있다는 지적이 있다. 연구성과는 기업의 니즈나 시장 원리와 괴리가 큰 것이 사실이다. 연구는 90% 이상 성공하는데 시장에서는 써먹을 성과가 없다고 아우성이다. 실험실 수준의 연구에서 벗어나 우리의 연구가 대한민국 발전과 인류의 삶 향상에 얼마나 도움이 될 것인지를 고민하며 냉철한 철학을 가지고 연구에 임해야 할 것이다.

셋째, 과학정책은 정부의 관료가 좌지우지해서는 안 된다. 정부 관료의 의견이 연구개발 기획 과정에 70% 이상 영향을 미친다는 조사가 나와 있다. 우리나라는 관료가 기초연구부터 응용연구까지, 기획 및 예산 집행을 좌지우지한다. 형식적으로는 정책에서 공무원 권한이 축소되었다고 하지만 아직도 여론조사를 해보면 정책수립 과정과 예산 집행 과정에서 공무원의 영향력은 절대적이다. 근본적으로 과학정책 수립, 연구기획, 예산집행은 전문가, 민간인, 연구자에게 맡기고 정부는 연구자가 필요로 하는 사항을 지원만 해주는 제도가 필요하다.

넷째, 감사 제도를 개선하고 위반자는 일벌백계(一罰百戒)하는 정책을 펼쳐야 한다. 연구비 부정 사건이 한 번 생길 때마다 새로운 규정이 늘어나서 대한민국 연구계는 늘 감사에 시달리고 있다. 부정이 나올 때마다 모든 연구자들을 잠재적 범죄자로 취급하며 연구 활동을 저해하는 것은 매우 구시대적인 발상이다. 0.5% 이하의 연구 부정 때문에 99.5%의 선량한 연구원이 감사와 행정업무로 고통받고 있다. 연구 활동을 저해하는 감사 제도를 전면 개편해 정해진 규정을 위반하는 자에 한해서만 일벌백계하는 정책으로 가는 것이 훨씬 효율적이며 과학강국으로 가는 길이다.

다섯째, 과학자들의 자긍심을 살려주어야 한다. 미국이나 유럽에서는 우수 연구원들이 정년 없이 연구하는 모습을 볼 수 있다. 현재 추진 중인 우수연구원 정년 연장 제도를 확대하여 많은 우수 연구원들이 IMF 전과 같이 65세까지 연구할 수 있는 길을 열어주길 희망한다. 아주 유능한 과학자를 위해서는 중국의 사례처럼 정년 없이 종신 연구원 제도를 도입하는 것도 필요하다. 이에 대한 사회적 합의를 이끌어 내기 위해서는 무능한 연구원에 대한 퇴출제도도 동시에 도입해야 할 것이다.

여섯째, 4차 산업혁명의 개념을 제대로 잡고 가야 한다. 정부, 연구계, 지자체, 교육계, 금융계 등 모든 분야에서는 시대에 뒤질세라 4차 산업혁명 관련 정책을 내놓고 있다. 그러나 아직도 4차 산업혁명의 개념과 방향에 대해서 모호한 점이 너무 많다. 4차 산업혁명에 대해 너무 조급증을 내어 창조경제와 같은 우를 범할까 걱정된다. 4차 산업혁명의 개념과 방향을 보다 심도 있게 검토하여 구체적인 방안을 찾아 나가야 한다. 특히 국가 주도 연구는 단기간에 성과가 나오는 것이 아니라 중장기 연구를 통해 성과가 나오는 분야가 많기 때문에 장기적인 안목을 갖고 4차 산업혁명 시대를 대비해야 한다.

지적재산은 국가 미래 경쟁력

한국지정신문협회 공동

춘추칼럼

정용환
한국원자력연구원 원자력재료기술개발단장

한국 특허출원 강국 명성에도
소송 손해배상액 턱없이 부족
국가적 차원의 지원대책 절실

우리가 사는 세상 곳곳은 지식재산으로 가득하다. 아침에 일어나자마자 가장 먼저 접하게 되는 휴대전화 속에만 수십만 개의 특허가 숨어 있다. 세계는 지금 보이는 세계에서 보이지 않는 세계로 변화하고 있으며 세계경제 질서는 지식재산 중심으로 변화하고 있다. 구글이 모토로라 모빌리티를 약 13조 원에 인수한 것은 기업이 탐나서가 아니라 모토로라의 특허가 탐났기 때문이다. 삼성과 애플의 세기적인 특허 대결도 미래의 기업 가치는 특허에 의해서 좌우되고 세상의 가치는 창조성에 의해서 좌우되고 있다는 것을 보여주는 상징적 사건이었다.

유럽 발 르네상스와 산업혁명도 특허를 통해 발전해 왔다고 말할 수 있다. 15세기 이탈리아에서는 특허기술에 대해서 독점권을 부여함으로서 과학자들에게 르네상스의 불꽃을 번지게 했고, 16세기 영국은 과학자들에게 발명품에 대해 독점권을 인정해 주어 이들이 산업혁명의 주역이 되도록 했다. 18세기 미국은 헌법에 특허조항을 명시했고 이런 제도는 에디슨의 탄생으로 이어졌으며 미국이 세계 경제대국으로 도약하는 밑거름이 됐다.

필자는 과학자로서 좀처럼 경험하기 어려운 8년간의 국제 특허소송을 직접 경험한 바가 있다. 16년간의 장기연구를 통해서 원자력 신소재 개발을 성공한 경험을 갖고 있다. 연구 프로젝트 착수 시점부터 세계 1등 기술을 개발하겠다는 목표를 세우고 특허 확보를 위해 엄청난 노력을 기울였다. 이런 과정에서 프랑스 기업 아레바가 우리 특허에 대해 무효소송을 제기하여 8년간의 특허 전쟁을 치르게 됐다. 아레바는 스마트폰에 비유하자면 미국의 애플 정도로 비견될 수 있는 원자력

분야에서는 세계 최대 회사로 알려져 있는 회사이다. 연구만 하면 필자가 처음으로 외국 기업으로부터 소송을 당했을 때 너무 당황스러웠다. 더욱 어려웠던 점은 이 건에 대해 도움을 주는 시스템이 없다는 것이었다. 많은 어려움을 극복하고 우리는 최종 승소해 특허전쟁을 마무리하고 산업계에 우리 기술을 이전하는 성공을 이루게 됐다.

중소기업이나 정부출연연구기관에서 아무리 우수한 세계적인 신기술을 개발한다고 해도 글로벌 대기업으로부터 국제 특허소송을 당했을 때 과연 얼마나 버티고 승리해 우리 기술을 지켜낼 수 있을까 하는 의구심이 생기게 된다. 우리나라의 대기업들은 그나

마 특허에 대한 보호시스템을 자체적으로 확보하고 있지만 중소기업은 대응시스템이 빈약한 것이 현실이다. 그리고 장기간의 소송에 매달리다 보면 기업은 성장능력을 잃어버리게 되고, 만약에 승소해 특허를 지켜낸다 해도 보상비용은 터무니없이 낮기 때문에 기업은 이미 도산 위기에 빠지게 된다.

한국은 세계에서 다섯 번째로 특허출원이 많은 특허 강국이다. IT 강국답게 특허 출원이 많아지고 있다. 그러나 실상을 들여다 보면 개선해야 할 점이 많이 있다. 특허를 보호받지 못할 확률이 여전히 높다. 우리나라는 특허침해로 분쟁이 발생할 경우에 특허 무효 판정을 받을 확률이 50%를 넘어간다. 특허를 보호 받지 못하는 나라에서 과연 누가 적극적으로 연구개발에 매진할 능력을 낼 수 있을까 의문이 드는 지점이다. 특허 심사과정에서 면밀한 심사를 거쳐서 확실한 기술에 대해서만 특허를 등록시켜주고, 일단 등록된 특허는 잘 보호되어 줘야 하는 것이 기본 방향이다. 이렇게 해야 기업이 국가가 인정해준 특허를 믿고 사업을 할 수 있으며, 추후 특허가 무효 되어 사업이 도산하는 봉변할 일을 막을 수 있을 것이다.

또한 특허침해소송에서 승소하면 손해배상을 받게 되는데 손해배상액이 터무니없이 낮다. 따라서 특허소송에 따른 보상액을 현실화하는 것도 필요하다. 아울러 유럽의 특허청 같이 전문성 확보를 위해서 기술판사 제도를 도입하는 것도 검토할 필요가 있다. 국가의 미래 경쟁력은 지식재산에 의해서 그 운명이 좌우지된다는 것을 명심하고 지식재산 선진국으로 가는 길에 국가적인 차원의 고민과 지원을 아끼지 말아야 할 것이다.

33년간, 한 우물 연구를 했던 나는 행복한 과학자요, 행운아였다

33년간의 연구원 생활 중 관리직을 맡은 몇 년을 제외하면 25년을 지르코늄에 관한 '한 우물 연구'를 수행해 왔다. 요즘같이 연구 사이클이 자주 바뀌는 시대에 25년간 한 우물 연구를 할 수 있어 나는 행복한 과학자요, 행운아라고 자부한다. 25년 중 16년은 한 가지 프로젝트의 책임자로 연구했고, 16년 중에 3년은 실험실 연구, 3년은 제품개발 연구, 그리고 10년은 내가 개발한 제품에 대한 검증연구를 수행했다. 많은 사람들은 한 우물 연구는 정부 정책에 의해서 자연스럽게 되는 것으로 생각한다. 그러나 한 우물 연구는 남이 해주는 것이 아니라 내가 얼마나 성실하게, 열심히 연구하여 성과를 보여주느냐에 좌우된다.

연구개발 초기, 드라이버 하나 없이 맨땅에서 시작했던 신소재 개발은 내가 생각했던 것보다 훨씬 어려웠고 그 기간은 엄청난 시련의 시간이었다. 이를 극복하기 위해 동료들과 밤새워 연구실을 지키던 날들이 수개월씩 계속되었다. 실험실 연구에서 신소재를 개발하고도 한국에는 제품을 만들 수 있는 기술이 없어 외국 회사와 어려운 협상을 펼쳤던 일도 있었고, 우수한 성능의 제품을 국내 원자력발전소에서 검증시험을 할 수 없어서 북유럽의 노르웨이까지 가서 6년간 검증시험을 해야 했던 어려움도 있었다. 세계 최대 원자력기업인 프랑스 아레바사가 우리 특허에 대해 무효소송을 제기하여 7년 동안 국제특허소송에 매달렸던 시간들은 국내 원자력계에서는 처음 당했던 일이어서 과학자로서는 정말 감당하기 어려웠던 고통의 시간이었다.

16년 동안 여러 장애물을 극복하고 산고의 고통을 넘어 국내에서 처음으로 독자소유권을 갖는, 성능이 매우 우수한 하나(HANA)라는 옥동자를 탄생시키게 되었다. 이 과정에서 수많은 새로운 기록도 세우게 되었다. 세계 최고 성능의 지르코늄 신소재 개발 성공, 국내 최초 상용로 검증시험 성공, 세계 최대 원자력기업과의 7년 특허소송에서 승소, 원자력 사상 최대 금액인 100억 원에 산업체 기술이전 성공 등 여러 가지 새로운 기록을 세웠다.

이렇게 새로운 기록을 세우며 정부출연 연구기관의 연구원으로서 33년간 좋아하는 연구를 마음껏 할 수 있었던 것에 대해 항상 감사한다. 이제는 받은 혜택을 주변에 돌려주기 위해 사단법인 '따뜻한 과학마을 벽돌한장'을 결성하여 여러 가지 과학문화 활동 등에 나의 열정을 쏟고 있다.

세상을 살다 보면 계획한 대로 되지 않는 일이 너무 많다. 그럴 때 주변 환경 때문이라며 자신을 합리화하는 경우가 종종 있다. 나의 오랜 연구과정은 난관의 연속이었다. 지르코늄 신소재 '하나'는 그런 여러 난관을 뚫고 탄생한 작품

꼬리말

이다. 산 하나를 넘으면 더 높은 산이 가로막고 있었다. 자신감을 잃고 낙심했던 순간이 많았지만 해결책을 찾으려고 노력하니 결국에는 넘을 수 없을 것 같던 산마저 넘고야 말았다. 그 속에서 나는 깨달았다. 어떤 어려움에 봉착했을 때 환경을 탓하기 전에 먼저 주어진 환경에서 해결책을 찾으려고 노력하면 항상 주변에서 해답을 찾을 수 있다는 것이다. 남 탓으로 돌리기 전에 나를 돌아보고 개선할 점이 없는지를 먼저 생각하다 보면 자연스럽게 해결의 실마리가 보일 것이다.

쉽게 포기하지 말기를 바란다. 계란으로 바위를 깨야 하는 어려움 앞에서도 끊임없이 노력하다 보면 바위는 깨지지 않을지언정 바위에 커다란 흔적은 남게 된다. 특히 과학기술분야에서 연구하는 분들은 사명감을 갖고 세계 1등 과학기술에 도전하는 연구를 지속해 주길 희망한다.

내가 겪은 다양한 경험과 역경, 그리고 위기를 극복한 이야기가 많은 사람들에게 도움이 되기를 희망하면서 원고를 쓰기 시작한 지 2년이 흘렀다. 쉽게 쓸수 있을 것이라는 야심찬 생각으로 시작했지만 목차만 적어 놓고 2년이 지나가 버렸다. 물론 직장에서 중요 업무를 맡게 되어 시간을 낼 수 없었던 것이 주된 원인이지만, 그래도 너무 많은 시간을 소모했다. 더 이상 지체할 수 없어 2017년 연말에서야 원고를 마무리했다.

내용에 있어서는 가능한 이론적인 이야기, 교과서적인 이야기를 배제하였고 경험했던 일들을 기술함으로써 독자들이 쉽고 재미있게 읽을 수 있도록 나름 대로 노력했다. 이 책이 미래를 이끌어갈 청소년, 과학기술 분야에서 일하는 연구원들, 특허관련 업무에 종사하는 전문인들, 성공을 꿈꾸는 일반인들에게 조금이나마 도움이 되기를 바라는 마음이다.

" 항상 준비된 자에게 기회는 온다.
    준비 없이 행운이 오기만을 기다리지 마라."

'하나' 신소재 개발은 과학기술 역사상 뚜렷한 업적으로 남을 것입니다

한때 최빈국이었던 우리나라는 비약적인 발전을 거듭해 이제는 선진국 문 앞에 서 있습니다. 전자, 통신, 자동차, IT 기술 등 세계로 뻗어나가는 우리 기술력은 이미 세계적으로 인정받았습니다. 이제 원자력발전소까지 해외로 수출하고 있습니다.

변변한 자원 하나 없는 조그마한 나라가 세계에 이름을 드높이며 발전할 수 있었던 것은 우리 국민의 근면 성실한 국민성과 창의력, 높은 교육열 등 눈에 보이지 않는 무형의 자원 때문일 것입니다.

정용환 저자의 『위험한 과학자, 행복한 과학자』를 읽고 저는 두 번 놀랐습니다. 우리나라의 원자력 기술력에 한 번 놀라고, 16년간 온갖 난관을 극복해가며 집요하게 세계 최고의 신소재를 개발해 낸 저자의 집념에 두 번 놀랐습니다. 저자는 열악한 연구 환경 속에서도 환경을 탓하지 않았고, 앞이 보이지 않는 상황 속에서도 절대 포기하지 않았습니다.

그가 이루어낸 업적은 우리 과학기술 역사상 뚜렷한 성과로 남을 것입니다. 세계 최고의 원자력기업인 아레바사의 무효소송을 승소로 이끌었고, 세계 최고의 품질을 자랑하는 지르코늄 합금 '하나' 신소재를 만들어 앞으로 우리 산업 발전에도 일조하게 되었습니다. 연구 장비 하나 없는 맨바닥에서 세계가 놀란 '하나'신소재를 만들어 낸 저자와 수많은 연구진들의 열정과 노력이 감동적이었습니다.

이 책은 신소재기술이라는 다소 어렵고 딱딱한 주제가 한 과학자의 삶의 이야기로 다가가며 독자 여러분들의 마음 문을 두드릴 것입니다. 저자가 열한 번 실패하고 열두 번째 성공하기까지의 과정을 통해 성공이란 결코 저절로 이루어지는 것이 아님을 다시 한 번 깨닫게 될 것입니다.

추천의 글

우리나라 원자력 기술자립의 역사에서 '하나(HANA) 신소재 피복관' 개발은 핵연료 완전 국산화의 정점으로 손꼽힙니다. 핵연료 피복관은 원전의 핵심 소재임에도 불구하고 유일하게 국산화하지 못해 우리나라는 1978년 고리 1호기 가동 이래 30년 넘게 전량 수입해 왔습니다. 그러나 순수 국내 기술로 고성능 지르코늄 신소재를 개발하고, 이어서 하나 피복관을 개발함으로써 우리는 해외 기술 종속을 깨고 완전한 핵연료 국산화에 성공했습니다.

이 눈부신 성과의 중심에 바로 정용환 박사가 있습니다. 그는 지난 20여 년간 피복관 국산화를 위해 한길을 걸어오며, 하나 피복관을 개발하고 국내 산업체에 기술 이전한 주인공입니다. 700여 종에 달하는 후보 합금에 대한 방대한 기초 연구를 토대로 합금 설계, 제조 및 평가시험을 실시하는 과정은 그의 놀라운 집념과 열정이 없이는 불가능한 일이었다고 생각합니다. 더구나 국내에서 지르코늄이란 소재가 생소했던 20여 년 전, 지르코늄의 모든 것을 알기 위해 밤낮없이 연구한 그의 끈기와 인내가 하나 피복관 탄생의 밑거름이 되었음은 분명합니다.

그가 세계 최고 원자력 기업과의 특허소송에서 승리한 일화도 여전히 많은 사람들에게 회자되고 있습니다. 하나 피복관은 개발 당시 기존의 피복관보다 월등히 앞선 성능을 나타냈습니다. 이에 세계 최대 원자력 기업인 프랑스의 아레바社는 하나 피복관 특허에 대한 무효소송을 제기했고, 무려 7년여간의 기술 입증 공방 끝에 정용환 박사는 그 특허를 지켜내는 데에 성공합니다.

이 책은 그러한 특허 공방을 비롯해 정용환 박사 자신이 과학자로서 걸어온 길을 진솔하게 풀어내고 있습니다. 대한민국 최고과학기술인상 수상, 원자력 R&D 역사상 최고액 기술이전, 한국원자력연구원 최초의 영년직 연구원 선정 등 연구자로서 최고의 영예를 거머쥔 그이지만, 그 과정이 결코 쉽지 않았음을 우리는 이 책을 통해 깨달을 수 있습니다.

이제 그는 연구원이란 울타리를 넘어 다양한 교육 활동과 사회공헌을 통해 과학인재 양성과 과학문화 확산에 노력하고 있습니다. 이 책이 젊은 과학자들에게는 꿈과 희망, 도전의 중요성을 일깨워주고 중견 과학자에게는 시련을 극복할 수 있는 용기를 북돋워줄 수 있을 것이라 믿습니다. 아울러, 미래 과학자를 꿈꾸는 청소년들에게 진정한 과학자의 길에 대해 생각해보는 훌륭한 교재이기도 합니다. "33년간의 한 우물 연구를 했던 나는 행복한 과학자요, 행운아"라는 그의 말이 많은 이들의 가슴속에 울려 퍼지기를 바랍니다.

2018년 3월

한국원자력연구원 원장 하재주

밑바닥에서부터 이루어낸
신소재 개발의 업적, HANA의 역사

권선복(도서출판 행복에너지 대표이사)

　한때 최빈국이었던 우리나라는 비약적인 발전을 거듭해 이제는 선진국 문 앞에 서 있습니다. 변변한 자원 하나 없는 조그마한 나라가 세계에 이름을 드높이며 발전할 수 있었던 것에는 다양한 이유가 있겠지만 다양한 분야의 전문가들이 애국애민의 정신으로 헌신하여 국가기술력의 기반을 닦아온 것 역시 무시할 수 없을 것입니다.

　정용환 저자의 『위험한 과학자, 행복한 과학자』는 과거 인프라 부족으로 인한 수많은 어려움 속에서도 세계를 놀라게 할 만한 고품질의 신소재 원자로 부품, HANA를 만들어낸 저자의 이야기를 담은 에세이입니다. 이 책을 읽고 저는 두 번 놀랐습니다. 과거 한국의 신기술 개발 환경이 그야말로 무에서 유를 창조해야만 했던 과정이라는 점에 첫 번째 놀라고, 16년간 온갖 난관을 극복해가며 집요하게 세계 최고의 신소재를 개발해 낸 저자의 집념에 두 번 놀란 것입니다.

원자로 부품에 꼭 필요한 신소재 '지르코늄'에 대한 자료가 절대적으로 부족했던 당시 한국의 현실, 원천기술을 가진 국가들의 하대 속에서 느낀 약소국의 서러움, 제품 개발을 위해 어쩔 수 없었던 일본 회사와의 아슬아슬한 동거, 제품 상용화 검증을 위해 노르웨이까지 날아가야만 했던 지난한 세월… 저자는 열악한 환경 속에서도 환경을 탓하지 않았고, 앞이 보이지 않는 상황 속에서도 절대 포기하지 않았으며, 그 결과로 세계 최고의 품질을 자랑하는 지르코늄 합금 HANA 신소재를 만들어 대한민국의 원자력 기술 발전에 큰 족적을 세웠습니다. 이러한 공로를 인정받아 2015년 '대한민국 최고과학기술인상'과 함께 적지 않은 상금을 수상했으나 자신의 뒤를 따라올 후학들이 자신과 같은 어려운 경험을 하지 않도록 연구 인프라 개선을 위해 상금을 기부한 저자의 행보에서 30여 년간 한 우물을 판 과학자의 모습을 볼 수 있었습니다.

이제는 고향과도 같던 한국원자력연구원을 퇴직 후 '과학문화전도사'로서 새로운 인생 3막을 힘차게 만들어가고 있는 정용환 저자의 발걸음에 도서출판 행복에너지 역시 기운찬 응원을 보내며, 이 책을 읽는 젊은 독자들 중 미래 대한민국의 과학자를 꿈꾸는 이들이 늘어나기를 희망합니다.

'행복에너지'의 해피 대한민국 프로젝트!

<모교 책 보내기 운동> <군부대 책 보내기 운동>

한 권의 책은 한 사람의 인생을 바꾸는 힘을 가지고 있습니다. 한 사람의 인생이 바뀌면 한 나라의 국운이 바뀝니다. 그럼에도 불구하고 많은 학교의 도서관이 가난하며 나라를 지키는 군인들은 사회와 단절되어 자기계발을 하기 어렵습니다. 저희 행복에너지에서는 베스트셀러와 각종 기관에서 우수도서로 선정된 도서를 중심으로 <모교 책 보내기 운동>과 <군부대 책 보내기 운동>을 펼치고 있습니다. 책을 제공해 주시면 수요기관에서 감사장과 함께 기부금 영수증을 받을 수 있어 좋은 일에 따르는 적절한 세액 공제의 혜택도 뒤따르게 됩니다. 대한민국의 미래, 젊은이들에게 좋은 책을 보내주십시오. 독자 여러분의 자랑스러운 모교와 군부대에 보내진 한 권의 책은 더 크게 성장할 대한민국의 발판이 될 것입니다.

도서출판 행복에너지

하루 5분, 나를 바꾸는 긍정훈련
'긍정훈련' 당신의 삶을 행복으로 인도할 최고의, 최후의 '멘토'

행복에너지

권선복 지음

행복을 위해, 성공을 위해
'하루 5분 긍정'을 훈련하라!

NAVER 선정 베스트셀러

동의보감에서 쏙쏙 뽑은

허준할매 건강 솔루션

최정원 지음

YouTube 스타, 33만 구독자
최정원 한의학박사
약초, 뜸, 지압

YouTube 구독자 60만명

★★★
제 3 호

감 사 장

도서출판 행복에너지
대표 권 선 복

귀하께서는 평소 군에 대한 깊은 애정과 관심을 보내주셨으며, 특히 육군사관학교 장병 및 사관생도 정서 함양을 위해 귀중한 도서를 기증해 주셨기에 학교 全 장병의 마음을 담아 이 감사장을 드립니다.

2022년 1월 28일

육군사관학교장
중장 강 창